ENSEIGNEMENT PAR LES YEUX

ZOOLOGIE

DES ÉCOLES MATERNELLES
ET DES FAMILLES

PAR

Mme PAPE-CARPANTIER

TROISIÈME SÉRIE

PORC — SANGLIER — HIPPOPOTAME — CHEVAL
ANE — RHINOCÉROS — ÉLÉPHANT — KANGOUROO ET SARIGUE
PHOQUE — BALEINE

Septième Édition
ILLUSTRÉE DE GRAVURES DANS LE TEXTE

PARIS
LIBRAIRIE HACHETTE ET Cie
79, BOULEVARD SAINT-GERMAIN, 79

1 fr. 25

ENSEIGNEMENT PAR LES YEUX

ZOOLOGIE

DES ÉCOLES MATERNELLES
ET DES FAMILLES

PAR

Mme PAPE-CARPANTIER

TROISIÈME SÉRIE

PORC — SANGLIER — HIPPOPOTAME — CHEVAL
ANE — RHINOCÉROS — ÉLÉPHANT — KANGOUROO ET SARIGUE
PHOQUE — BALEINE

Septième Édition
ILLUSTRÉE DE GRAVURES DANS LE TEXTE

PARIS
LIBRAIRIE HACHETTE ET Cie
79, BOULEVARD SAINT-GERMAIN, 79

1911

ZOOLOGIE

DES ÉCOLES MATERNELLES

ET DES FAMILLES

Cette ZOOLOGIE, *histoires et leçons explicatives* destinées aux écoles et aux salles d'asile, forme cinq volumes qui se vendent séparément.

Les trois premiers volumes coûtent 1 fr. 25 c. chacun; le quatrième volume, 1 fr. 50 c., et le cinquième volume, 2 francs.

Une série de dix grandes images imprimées en chromolithographie correspond à chaque volume et se vend 5 francs en feuille et 10 fr. collée sur 10 cartons et vernis.

1e *série*. Introduction à l'étude de la Zoologie. — Singe. — Ours. — Blaireau. — Loutre. — Lion. — Tigre. — Chat. — Hyène. — Loup et Renard. — Chien.

2e *série*. Castor. — Lièvre. — Vache et Bœuf. — Mouton. — Chèvre. — Chamois. — Cerf. — Renne. — Chameau. — Girafe.

3e *série*. Porc. — Sanglier. — Hippopotame. — Cheval. — Ane. — Rhinocéros. — Éléphant. — Kangouroo et Sarigue. — Phoque. — Baleine.

Les trente images des trois premières séries se vendent aussi divisées en *Animaux domestiques* : 10 sujets, 5 francs et *Animaux sauvages* : 20 sujets, 10 francs.

4e *série*. Aigle. — Hibou. — Perroquet. — Hirondelle et Moineau. — Coq et Poule. — Dinde et Dindon. — Autruche. — Héron et Cygne. — Canard et Oie. — Pélican et Manchot.

5e *série*. Chauve-souris. — Paresseux et Écureuil. — Oiseau-mouche. — Paon. — Vipère, Lézard, Tortue et Grenouille. — Carpe, Cyprin doré et Anguille. Araignée et Scorpion. — Ver à Soie, Abeille et Libellule. — Écrevisse, Sangsue et Lombric. — Huîtres, Moule et Coraux. — Récapitulation et classification.

698-11. — Coulommiers. Imp. PAUL BRODARD. — P6-11.

ENSEIGNEMENT PAR LES YEUX

ZOOLOGIE

DES ÉCOLES MATERNELLES

ET DES FAMILLES

PAR

Mme PAPE-CARPANTIER

TROISIÈME SÉRIE

PORC — SANGLIER — HIPPOPOTAME — CHEVAL
ANE — RHINOCÉROS — ÉLÉPHANT — KANGOUROO ET SARIGUE
PHOQUE — BALEINE

Septième Édition
ILLUSTRÉE DE GRAVURES DANS LE TEXTE

PARIS
LIBRAIRIE HACHETTE ET Cie
79, BOULEVARD SAINT-GERMAIN, 79

1911

ZOOLOGIE

DES

ÉCOLES MATERNELLES ET DES FAMILLES

TROISIÈME SÉRIE

LE PORC

(RIEN DE PERDU)

Rien ne se perd dans la nature ; c'est là, mes petits amis, une économie admirable, dont je vous ai déjà signalé plusieurs fois des exemples. Vous souvenez-vous que, l'année dernière, quand les feuilles tombaient des arbres, je vous expliquai comment tous ces débris retournent à la terre pour l'engraisser, pour y former les sucs dont les plantes s'alimenteront plus tard. Et bien des fois je vous ai dit que nous aussi, nous devons imiter la nature dans son organisation si merveilleuse, et tirer parti de toutes nos ressources, en les utilisant avec ordre.

C'est surtout dans une exploitation rurale qu'il est important de ne rien laisser perdre. L'agriculture, comme vous le savez, est la première de toutes les industries, et la plus nécessaire de toutes, puisque c'est elle qui, en nous procurant la nourriture, satisfait au plus impérieux de nos besoins. Aussi, laisser perdre quelque chose en agriculture, c'est nuire à tous les biens dans leur source même.

Dans une ferme grande ou petite, il y a des résidus, des débris de toutes sortes, des fruits avariés, les déchets de la table rustique, qui demeureraient sans emploi, s'il ne s'y trouvait justement un animal qui peut se nourrir de toutes ces choses : cet animal, c'est le *porc*.

— Le porc ? Ah ! c'est bien laid ! dit Ernest.

— J'en conviens, aussi je ne vous le donne pas pour un animal gracieux ni séduisant. Mais, sous plus d'un rapport, on le calomnie : ainsi on l'accuse d'être malpropre, parce que souvent il se vautre dans la boue. S'il le fait, ce n'est nullement par goût pour la malpropreté, mais bien parce que, comme les autres animaux du même ordre, le sanglier, l'hippopotame, il a besoin de se laver de temps en temps, pour entretenir la souplesse de sa peau, naturellement épaisse et sèche. Quand le porc a à sa disposition une eau pure, ou qu'on a soin de le laver avec une brosse, il ne marque point de préférence pour l'eau bourbeuse.

Il est du reste peu difficile pour sa nourriture : racines cuites ou crues, débris de végétaux, viande fraîche ou à demi gâtée, et tout ce que je ne puis nommer, tout lui est bon. Il dévore les vers de terre, les taupes, et jusqu'aux petits serpents.

Troupeau de porcs à la *glandée*.

Cet animal est donc extrêmement utile ; je dis plus : c'est justement du côté de ce que nous appelons ses défauts, qu'il nous est le plus précieux.

— Comment cela ?

— Par cette raison que je vous expliquais tout à l'heure, qu'un animal délicat, difficile dans le choix de ses aliments, ne saurait pas, comme le porc, tirer parti de tout ce que les autres animaux repoussent. Il serait dispendieux à nourrir, tandis que le porc se contente de tout, et devient, dans les grandes fermes, le complément nécessaire de l'exploitation. C'est un élément de la prospérité agricole. Les petits fermiers savent aussi fort bien en apprécier l'utilité ; mais c'est surtout pour les familles pauvres des campagnes que le porc est une ressource précieuse.

Il n'y a pas de maison, si misérable qu'elle soit, qui ne puisse engraisser un porc. Avec les débris des repas de chaque jour, un peu de son, d'orge, quelques pommes de terre, les glands recueillis sous les chênes, cela suffit. Après quelques mois l'animal est engraissé ; il représente un prix de vente, ou bien sert de nourriture aux habitants de la maison.

Sans doute le porc n'est utile qu'après sa mort, mais à ce moment tout est profit dans cet animal. Sa chair est grasse, nourrissante et agréable. Convenablement salée, elle se conserve une année au moins. Sa graisse, connue sous le nom de *lard* et de *saindoux*, est employée en cuisine et à divers usages ; ses entrailles, remplies de chair hachée et mélangée d'épices, forment ce qu'on appelle des *saucisses*. Vous en avez vu, sans doute, suspendues en longues guirlandes dans la boutique des charcutiers, ou dans la noire et vaste cheminée du laboureur. On suspend les saucisses dans la cheminée, afin que la fumée les pénètre, ce qui les conserve et leur donne un goût particulier très agréable. Enfin, le sang même du porc sert à préparer le *boudin ;* mais cette dernière nourriture est indigeste et se corrompt facilement. Vous comprendriez mieux encore de quelle utilité sont toutes ces choses, si vous aviez vu souvent, comme moi, les laboureurs assis auprès du foyer, mangeant leur pain bis avec une tranche de lard. C'est souvent la seule viande qu'ils consomment.

Et dans les villes, vous savez, mes enfants, que les charcutiers préparent et assaisonnent de mille manière différentes la chair de cet animal. Une cuisse de porc salée et pressée, comme on les prépare si bien en Lorraine, devient ce qu'on appelle un *jambon*, préparation extrêmement utile pour les longs voyages, à cause de la propriété qu'elle possède de se conserver très longtemps.

— Mais dis-nous donc, mère, comment un animal qui mange d'aussi malpropres choses?...

— Peut fournir une chair saine et savoureuse, n'est-ce pas? C'est que, de même que tous les autres animaux, le porc ne s'approprie que les parties substantielles contenues dans sa nourriture.

Quant à sa soi-disant malpropreté, le porc se trouverait fort bien, je vous l'assure, d'être traité proprement. Mais les paysans, insoucieux, et malpropres eux-mêmes, lui bâtissent des logements bas, étroits, humides, qu'ils nettoyent rarement, et qu'ils laissent s'encombrer d'immondices. Ils ne prennent aucun soin de baigner l'animal ; ils lui jettent une nourriture non-seulement grossière, mais parfois nuisible. Qu'arrive-t-il alors ? Le porc tombe malade, devient *ladre*, c'est-à-dire atteint d'une maladie particulière appelée *ladrerie*, qui rend sa chair malsaine.

Dans les pays chauds, en Orient par exemple, cette maladie est tellement commune que Moïse, le législateur des Hébreux, fit à son peuple défense absolue de manger de la chair de porc. C'était une très-sage mesure d'hygiène. Nous trouvons aussi dans l'histoire de notre pays des dispositions spéciales, prises dans le but d'empêcher que la chair des animaux atteints de ladrerie ne soit livrée à la consommation ; il y a encore dans les foires et marchés des employés chargés de vérifier l'état de santé de ces animaux. On les nomme des *langueyeurs*, parce que c'est en frottant avec un linge la langue des porcs qu'ils font apparaître les boutons indices de la maladie.

Vous avez parfois entendu parler d'une bête sauvage, qu'on appelle le sanglier ?

— Oui ! dit Ernest, j'ai même vu un dessin représentant une chasse au sanglier.

— Eh bien, le sanglier et le porc sont pour ainsi dire le même animal. Le porc est une race de sangliers devenue domestique, c'est-à-dire réduite en la dépendance de l'homme, et entretenue par lui pour ses besoins. Il a été domestiqué, comme cela s'appelle, tandis que le sanglier, dont je vous parlerai plus tard, est resté à l'état sauvage. Tous les deux ont le pied fourchu, comme les animaux ruminants, et pourtant ils ne ruminent pas; c'est une exception.

On a fait du porc, du sanglier, et d'autres animaux ayant des rapports avec eux, un ordre à part, qu'on appelle l'ordre des *porcins*. Le porc diffère surtout du sanglier, en ce qu'il est moins fort et moins sauvage. Le sanglier a deux dents terribles qu'on appelle *défenses*, et qui lui sortent de la bouche; celles du porc sont moins grandes et peu apparentes; le museau du sanglier se nomme *hure* et celui du porc *groin*. La femelle du sanglier s'appelle une *laie*, celle du porc une *truie*. Toutes les deux ont de dix à douze petits à la fois. Les poils du porc, appelés soies, servent aux mêmes usages que ceux du sanglier. Enfin les porcs, comme les sangliers, ont l'habitude de fouiller la terre avec leur groin, pour y chercher des racines à leur goût.

Il faut à ce sujet que je vous apprenne une chose qui sans doute vous étonnera, car on l'a crue longtemps en dehors des règles de la nature.

Il existe dans certains départements, et spécialement dans une ancienne province de France appelée le Périgord, qui forme aujourd'hui le département de la Dordogne et une partie de celui de Lot-et-Garonne; il existe, dis-je, une sorte de tubercule noirâtre que l'on nomme *truffe*. Ce faux tubercule qui est bon à manger, et est même fort recherché des gourmets, se trouve dans la terre. Il y est produit, à ce qu'il paraît, par la piqûre que fait un insecte appelé *tipule*, sur les petites racines des chênes blancs, ou sur quelques débris de leur végétation. D'autres savants inclineraient à croire que la truffe est une plante, une espèce de champignon tout à fait extraordinaire. En effet, elle se produit dans la terre sans y avoir été *semée*, et elle ne pousse ni racine au dedans, ni tige ni feuille au dehors ; rien qui puisse indiquer la place où elle se trouve. Eh bien, savez-vous comment on cherche les truffes ?

— Non.

— Voyons ! le porc, avec les instincts que vous lui connaissez, vous semble-t-il devoir être doué d'un odorat bien délicat ?

— Oh ! probablement non, s'écrient en riant les enfants.

— Eh bien, il faut pourtant qu'il possède une certaine finesse de nez, car c'est lui qui découvre les truffes, rien qu'au parfum insaisissable qu'elles exhalent à travers le sol.

Quand on veut recueillir les truffes, on conduit les porcs, qui en sont très friands, dans l'endroit où l'on présume qu'il s'en trouve. Ces animaux se mettent à fouiller la terre aux places que leur odorat leur désigne, et ils dévoreraient les truffes avec avidité si on les laissait faire ; mais comme on les suit de près, on les écarte des précieux tubercules à mesure qu'ils les découvrent, et l'on s'empare de ce *comestible* pour le vendre aux amateurs.

Ce goût qu'ont les porcs de fouiller la terre ne

s'exerce pas toujours aussi avantageusement pour nos intérêts. On a vu quelquefois des troupeaux de porcs entrer dans un champ, et détruire en peu de temps le travail du laboureur ; ou bien se jeter dans un jardin et le mettre au pillage. Quelques instants leur suffisent pour tout bouleverser.

Mais fouiller toujours et partout ne peut se faire impunément, même pour le porc ; et cet animal est quelquefois victime de son aveugle voracité. Je me souviens d'une fable...

— Une fable ! dis-la nous, mère.

— Volontiers, mes enfants. La voici :

Dom Pourceau, lâché dans la plaine,
S'émancipait à travers choux,
Flairant, fouillant dans tous les trous,
Et dans l'espoir de quelque aubaine
Mettait tout sens dessus dessous.
Du fait sa noble espèce est assez coutumière.
Or donc, après avoir ravagé maint terrier,
Saccagé mainte fourmilière,
Écrasé mainte taupinière,
Mon galant va dans un guêpier
Donner la tête la première.
Vous devinez comment il y fut accueilli :
En un clin d'œil son nez immonde,
Par la peuplade furibonde
De toutes parts est assailli,
Malgré l'épais abri du lard qui l'environne,
Le pauvre nez paya pour toute la personne
Et par l'âpre aiguillon fut lardé jusqu'au bout.
Étourdis ! prenez-y donc garde,
Vous voyez que l'on se hasarde
A mettre ainsi le nez partout !

ARNAULT.

Questionnaire

A quelle classe d'animaux appartient le porc?
Comment appelle-t-on ses poils?
Dans quel endroit élève-t-on les porcs?
A quoi servent les porcs?
Le porc est-il difficile à nourrir?
Comment sont ses oreilles?
Sa queue?
Comment ses pieds sont-ils faits?
Est-ce que le porc rumine?
Quels services rend le porc pendant sa vie?
Ses habitudes nous sont-elles utiles?
Sont-elles des défauts?
Ne sont-elles pas plutôt des dispositions favorables données par le Créateur?
En quoi ces dispositions nous sont-elles favorables?
Quelle est la nourriture la plus ordinaire des porcs?
Comment appelle-t-on l'homme qui tue les porcs et prépare leur chair pour la nourriture de l'homme?
Comment appelle-t-on les cuisses de porc salées et fumées?
Quelle est la province de France renommée pour la charcuterie?
Comment appelle-t-on le museau du porc?
Comment appelle-t-on la graisse de porc?
A quelle maladie les porcs sont-ils sujets?
Les porcs aiment-ils par goût la malpropreté?
Ne préfèrent-ils pas des étables propres, saines et bien aérées?
La chair des porcs malades est-elle saine pour l'homme?
Comment appelle-t-on la femelle du porc?
Combien a-t-elle de petits à la fois?
Nommez une province de France dans laquelle le porc rend des services particuliers.
Les truffes sont-elles des végétaux?
De quelle autre cause croit-on que proviennent les truffes?
Comment appelle-t-on l'insecte que l'on soupçonne de produire les truffes?
Quels sont les arbres sous lesquels se trouvent les truffes?
Les truffes sont-elles un objet de commerce?

Sont-elles un aliment essentiel ou seulement une friandise?
Pourquoi Moïse avait-il défendu la chair de porc aux Hébreux?
Le goût qu'ont les porcs de fouiller la terre peut-il quelquefois causer des dommages?
Le porc est-il une précieuse ressource pour les pauvres gens?
N'a-t-il pas droit, quelles que soient sa forme et ses mœurs, à tous les soins que nous devons aux animaux?

LE SANGLIER

(UNE FAMEUSE TROUVAILLE)

Il y avait une fois deux petits enfants qui ramassaient des glands sous les chênes, dans une forêt.

Ils étaient bien pauvres, et vivaient dans une petite cabane avec leur vieille grand'mère, qui filait de la laine pour gagner sa vie.

Eux, ils étaient encore trop petits pour avoir un état, mais ils allaient porter leurs glands au village, et les vendaient pour quelques sous aux gens aisés qui nourrissaient des porcs.....

Et les gens du village donnaient en plus, à ces enfants, un morceau de pain qu'ils rapportaient à leur grand'mère, avec le prix de leur cueillette.

Un jour, comme ils étaient dans la forêt occupés à remplir de glands leur bissac et leurs tabliers, ils entendirent un petit bruit dans le taillis, et de petits grognements plaintifs.

— Qu'est-ce qu'il y a donc là dedans ? dit le garçon en écartant les branches...

La petite fille s'avança avec une certaine prudence.

— Ah! oh!... un petit cochon de lait! Est-il gentil! il est tout petit.....

— Attrape-le!... Le tiens-tu?

— Le voilà! Ah! je le tiens.

— Prends garde de lui faire du mal en l'attirant! C'est moi qui suis contente! Donne le petit cochon dans mes bras.

Le garçon se releva du milieu des broussailles, et donna le petit animal à sa sœur en lui disant :

— Prends bien garde qu'il ne t'échappe!

— Ah! comme grand'mère va être heureuse, elle qui disait toujours : « Je voudrais bien avoir un petit cochon pour l'élever, mais ça coûte trop cher à acheter. » Courons lui porter celui-là!

Et voilà les enfants qui se mettent à courir aussi vite qu'ils le pouvaient, ce qui n'était pas très-vite, parce qu'ils étaient chargés et embarrassés. Leur bissac plein de glands, leurs tabliers aussi, le petit cochon par-dessus; tout cela était bien lourd pour eux.

Chemin faisant, la petite fille disait en serrant l'animal dans ses bras :

— Nous le donnerons à grand'mère, mais il sera aussi à nous tout de même. Nous irons lui chercher des glands : alors il grandira! grandira! On lui donnera du son. Après cela, on le vendra, on aura beaucoup d'argent, et avec cet argent grand'mère s'achètera un bon manteau, et une jupe toute neuve, et puis une chèvre pour lui donner du lait.

— Elle achètera aussi, reprit le garçon, une jolie petite maison, avec un jardin devant comme celle de Nicolle..... et puis de bons sabots pour nous. Les pauvres enfants étaient nu-pieds !

— Quel bonheur ! dit la petite fille.

— J'en danserais bien, dit le garçon, et il fit un joyeux entrechat.

— Et moi aussi, dit sa petite sœur, mais ça ferait tomber nos glands, et ça secouerait notre joli petit cochon.

Mais voilà que tout à coup il vient au frère une pensée.....

— Dis donc, Nanette.....

— Quoi, Jacques ?

— C'est peut-être à quelqu'un ce petit cochon-là?...

— Mais non ; nous l'avons trouvé, c'est à nous ; nous ne l'avons pris chez personne...

— C'est égal, ça n'est peut-être pas à nous..... Quelqu'un peut l'avoir perdu dans la forêt.

— Pourtant, disait Nanette qui commençait aussi à douter, qui est-ce qui serait venu le perdre par ici ?

— Je ne sais pas, moi : des gens du village peut-être. Ou bien c'est peut-être à M. Lansac, à qui est déjà la forêt?... C'est peut-être lui qui l'a mis paître là ?

— Dame ! peut-être bien.

— Ah ! disait la petite fille devenue toute triste, regarde donc comme il est gentil ! Il a déjà des *soies* [1] ; et elles sont bien plus longues que celles des

1. Le poil des sangliers comme celui des cochons s'appelle des *soies*.

autres petits cochons. Et puis comme il est tout rayé le long du dos ; vois donc, il est bien plus joli que les autres. Si c'était à nous pourtant! C'est ça qui serait heureux !

— C'est bien dommage! répondit le frère, mais il faut aller le reporter !

— Le reporter ! Ah ! c'est vrai, il le faut... C'est pourtant bien dommage !

Ils s'étaient assis sur le bord du chemin, tous deux tristes, mais résignés au sacrifice. Les pauvres petits étaient tout à l'heure si joyeux, si contents! Ils avaient si bien rêvé la surprise et la joie de la grand'mère, l'élevage de leur bête, la glandée, la chèvre, la maison... et les petits sabots ! Et en être maintenant à se dire : il faut le reporter! Convenez-en, c'était bien dommage !

Mais le reporter où? A qui? Voilà la perplexité qui commence. Le remettre où on l'a pris, dans le taillis, ça ne se peut pas : les loups le mangeraient... Et d'ailleurs il est trop petit pour se nourrir seul, il périrait bien sûr. Comment faire? comment faire !

— Écoute, dit Nanette après avoir réfléchi, je pense une chose. S'il est à M. Lansac, c'est à lui qu'il faut le porter.

— C'est que son château est bien loin d'ici. Allons plutôt chez le père Dufrêne qui est le garde de sa forêt ; nous y serons tout de suite. Il demeure au détour de la route.

La petite fille ajouta tristement :

— Alors dépêchons-nous. Il ne faut pas faire

attendre grand'mère puisque..... à présent nous n'avons plus rien à lui porter. Viens vite, Jacques.

Les deux enfants se levèrent, et retournèrent sur leurs pas, le long des sentiers, jusqu'à la loge du vieux garde.

Et comme l'animal que Nanette serrait toujours dans ses bras cherchait sans cesse à s'échapper, la petite fille versa ce qu'elle avait de glands dans le bissac de son frère, et enveloppa de son mieux le petit cochon dans son tablier.

— Monsieur Dufrêne, dit le garçon en entrant, nous avons trouvé un petit cochon de lait, et nous sommes venus vous l'apporter, parce qu'il est peut-être bien à vous, ou à M. Lansac.

— Un cochon de lait? répondit le garde; mais non, mes enfants, il n'est pas à moi : à moins que vous ne l'ayez trouvé dans notre cour?

— Oh non! monsieur Dufrêne, c'est dans la forêt.

— Dans la forêt! un cochon de lait dans la forêt?..... Voilà qui est singulier. Et où l'avez-vous mis?

— Là, dans mon tablier, dit Nanette. J'ai bien de la peine à le tenir, allez; il bouge comme un vrai diable, il veut toujours s'échapper!

— Montre donc?...

La petite fille écarta les coins de son tablier. Le garde y jeta les yeux :

— Où avez-vous pris ça, malheureux enfants! s'écria le vieux bonhomme. Un petit cochon! ça! c'est un *marcassin!*

— Un marcassin! répétèrent les deux enfants en se regardant avec stupeur.

— Sais-tu ce que c'est qu'un marcassin, demanda Jacques à Nanette!

— Non, et toi?

— Ni moi.

— Si la mère vous avait rencontrés emportant son petit, reprit le garde, elle vous aurait mis en pièces, mes pauvres enfants! Mais comment se fait-il que vous ayez trouvé un marcassin tout seul comme cela dans la forêt? Car c'est bien un marcassin, dit-il en retournant le petit animal dans le tablier entr'ouvert, un vrai marcassin de quinze jours tout au plus. Nous qui croyions qu'il n'y avait plus de sangliers dans la forêt... Et comment celui-ci a-t-il pu se trouver séparé de sa mère! Ça ne s'est jamais vu! Je m'y perds! je m'y perds.

Nanette était toute tremblante; elle ne comprenait pas grand'chose au discours entrecoupé du vieux garde, sinon que son *petit cochon* était un *marcassin*, ce qui ne l'avançait pas beaucoup, attendu qu'elle ne savait pas ce que c'est qu'un marcassin.

— Enfin, enfin, mes petits enfants, reprit le garde, de façon ou d'autre, racontez-moi comment vous l'avez trouvé?

Et les enfants racontèrent ce qui était arrivé. Le bonhomme ne revenait pas de son étonnement, car il savait que les petits vont toujours avec leur mère.

— Nous avons voulu d'abord l'emporter chez nous, dit Nanette, puis mon frère a pensé qu'il n'était pas à nous, et nous sommes venus vous l'apporter.

— Vous avez bien fait, mes petits; vous êtes d'honnêtes enfants. Mais si au lieu de venir ici, vous aviez emporté chez vous cette bête que vous preniez pour un « petit cochon », elle serait devenue en grandissant une grosse bête sauvage qu'on appelle un *sanglier*, avec un poil noir tout frisé entre ses soies, des oreilles droites, des dents longues comme ça !...

A ces mots, Nanette épouvantée lâcha les deux coins de son tablier, et le pauvre animal roula sur le sol en poussant un cri qu'elle trouva effroyable. Elle croyait ni plus ni moins avoir porté dans son tablier la bête de l'Apocalypse.

— N'aie pas peur, ma petite fille ! s'écria le garde en voyant l'effet que produisaient ses paroles ; n'aie pas peur, il n'y a plus de danger maintenant. Le danger, vois-tu, c'était quand tu as pris le marcassin dans le taillis. Car c'est un petit de *sanglier* que tu as trouvé là..... Et leur mère, qu'on appelle une *laie*, se serait jetée sur vous, bien certainement, si elle vous avait vus toucher à un de ses petits..... Et si vous aviez rencontré le père, donc ! un *ragot* qui doit être quelque part du même côté que le reste de la famille !... Mes pauvres petiots ! vous étiez perdus ! Car, dit-il en s'interrompant et se parlant à lui-même, toute la famille doit être dans les environs. Ils ont probablement leur *bauge* [1] dans le plus épais du

1. Le repaire d'un sanglier se nomme *bauge*.

fourré... En voilà une nouvelle à apprendre à M. Lan-

Sanglier et ses marcassins.

sac! Va-t-il être content, lui qui aime la chasse!

— Mais qu'est-ce que c'est donc, un sanglier, dit la petite fille encore tout effrayée ; comment c'est-il fait ?

— C'est fait... Oh ! pardine, tout comme un gros cochon ; seulement c'est bien plus gros. Il y en a qui deviennent énormes ! Ils ont de grandes *soies* rudes, des *défenses*, c'est-à-dire de longues dents pointues et solides : deux en bas et deux en haut, qui leur sortent de la hure[1] : c'est terrible à voir.

— C'est donc méchant un sanglier ?

— Je ne crois pas qu'ils attaquent l'homme qui ne les attaque pas. Il y en a beaucoup en Algérie, ainsi que dans la plupart des forêts épaisses ; tous fuient à l'approche de l'homme. Mais il ne ferait pas bon les mettre en colère. Ni surtout leur enlever leurs petits ! Et quand on leur fait la chasse...

— Mais pourquoi leur fait-on la chasse ;

— Pour les manger d'abord ! C'est très bon un sanglier jeune, bien nourri de glands et de faînes. Quant aux vieux, leur chair est coriace ; ils n'ont de bon que la hure, ce dont les Romains étaient très amateurs. Puis on les détruit pour se préserver de leurs ravages ; car les sangliers, non-seulement bouleversent les plantations, mais quand la faim les presse, ils mangent les bêtes fauves comme de vrais loups. Quelquefois, ils mangent même jusqu'à leurs propres petits !

— Oh ! les mauvais parents ! dit Nanette.

— Puis on tire parti de leurs soies qui sont lon-

1. Le groin, tout le museau.

gues et fortes. Les cordonniers les mettent au bout de leur fil comme une aiguille, pour coudre leurs souliers de cuir ; on en fait des brosses, des pinceaux...

Les enfants auraient écouté le garde jusqu'au lendemain ; mais la petite fille pensa qu'il fallait porter ses glands au village avant la nuit.

— Jacques, dit-elle à son frère, allons-nous-en bien vite, pour ne pas arriver trop tard chez nous.

Puis s'adressant au garde elle ajouta :

— C'est égal, M. Dufrêne, si vous saviez comme nous étions contents quand nous l'avons trouvé ; et que nous croyions que c'était un petit cochon de lait ! Nous l'aurions donné à notre grand'mère, et nous serions allés lui chercher des glands tous les jours.

— Et quand il aurait été grand, reprit Jacques, nous l'aurions vendu pour avoir toutes sortes de bonnes choses pour notre grand'mère.

— Eh bien ! mes pauvres petits, dit le vieux garde avec attendrissement, il ne sera pas dit qu'une chose qui me rend service, et qui fera tant de plaisir à notre *bourgeois*, sera un désappointement pour vous. Vous êtes de bons enfants, vous travaillez bien, vous chérissez votre grand'mère et vous l'aidez de votre mieux. Vous êtes bien élevés, probes, honnêtes, vous méritez qu'on s'intéresse à vous. Nous avons là dans notre cour une demi-douzaine de petits cochons de lait, il y en aura un pour vous ; et ce sera le plus beau ! Dans huit jours ils seront *sevrés*, vous viendrez le chercher; vous choisirez vous-mêmes celui que vous voudrez... Et celui-là, ajouta-t-il en souriant, celui-là, ne deviendra jamais un *sanglier!*

Questionnaire

A quel animal ressemble le sanglier?
Quelle différence y a-t-il entre lui et le porc?
Comment appelle-t-on le museau du sanglier?
Comment appelle-t-on les grandes dents qui lui sortent de la hure?
Comment appelle-t-on ses petits? Sa femelle?
Sa chair est-elle bonne à manger?
Quelle en est la partie la plus estimée?
Le sanglier est-il féroce ou seulement sauvage?
La chasse au sanglier est-elle dangereuse?
Comment appelle-t-on sa demeure?
Quels endroits habite-t-il de préférence?
A quoi servent ses soies?
Quelle est la couleur du sanglier?
Quelle est sa nourriture habituelle?
Cause-t-il des dommages dans les forêts?
Quels sont ces dommages?
Est-il dangereux de rencontrer un sanglier?
Quand la faim le presse le sanglier mange-t-il de la chair?

L'HIPPOPOTAME

(UN VOYAGE EN ÉGYPTE)

— Eh bien, monsieur, quel voyage faisons-nous aujourd'hui? s'écrièrent les enfants, en voyant leur instituteur entrer dans la chambre avec son atlas sous le bras.

— Nous irons où vous voudrez, mes chers amis ; voyons! quelqu'un de vous a-t-il un but à nous proposer?

— Allons en Égypte, dit Esther.

— Oui, oui, en Égypte... le pays où il y a des pyramides? s'écria Gaston.

— Et des crocodiles vivants, dit Berthe.

— Ah! oui, en Égypte, M. Jacob! reprirent en chœur les enfants ; tenez, voilà la carte.

— Mes chers amis, dit l'instituteur, je ferais tout pour vous complaire. Allons donc en Égypte. Mais, ajouta-t-il en riant, le voyage est trop long pour le faire debout.

Les enfants coururent prendre des chaises, et en un clin d'œil maître et élèves furent placés autour de la table.

— C'est très bien, reprit M. Jacob. Assis commodément comme nous voilà, nous pourrons faire des lieues par cent et par mille. Écoutez-moi donc.

Les enfants étaient déjà tout oreilles.

— L'Égypte que vous voulez visiter, mes enfants, est un pays très célèbre dans l'histoire. Il y a un grand nombre de siècles, cette contrée était habitée par une race d'hommes industrieux et puissants ; elle avait des villes immenses, des temples, des palais magnifiques, des monuments merveilleux ! Aujourd'hui, de toutes ces belles choses les unes sont en ruines, les autres ont subsisté comme des témoins de l'antique splendeur. Mais ce qui ne change pas, ce qui est remarquable et intéressant à un autre point de vue que les résultats de l'industrie et du travail de l'homme, c'est le pays lui-même, ce sont ses belles campagnes fertiles, ce grand fleuve, le Nil, dont vous avez souvent entendu parler ; les arbres qui croissent sur ses rives, les animaux de diverses espèces qui habitent dans ses eaux. Il y a là beaucoup de choses à voir et à connaître.

Tant de sujets ne peuvent être étudiés dans une seule exploration, nous serions trop fatigués, mes petits amis. Si vous le voulez donc, nous ferons comme les savants : nous diviserons notre voyage en deux expéditions. Dans la première, nous examinerons le pays, le fleuve, les campagnes, les animaux, ce sera un voyage géographique ; un autre jour, nous irons visiter les monuments, les ruines, les pyramides, les temples, ce sera un voyage historique... Nous ferons, je vous l'assure, de magnifiques découvertes.

— Commençons par les animaux, dit Berthe.

— Il est évident, mes chers amis, qu'avant de parler des habitants d'un pays et de ses monuments, il est plus raisonnable d'examiner le pays et ses productions naturelles; la *géographie* doit toujours précéder l'*histoire.*

— C'est très juste, affirma Gaston. Partons-nous, M. Jacob?

— Je suppose même que nous sommes déjà arrivés, poursuivit l'instituteur. Nous voici à l'embouchure du Nil, nous sommes venus par un bateau à vapeur, ou, si vous préférez ce moyen de transport, par le pouvoir magique de la baguette d'une fée. Nous allons explorer l'Égypte, et nous ferons, si vous le voulez bien, notre voyage en bateau.

— Pourquoi, monsieur?

— Par une bonne raison : c'est que la vallée du Nil, c'est-à-dire tout le terrain creux qui s'étend depuis les rives du fleuve jusqu'à une certaine distance en largeur, forme pour ainsi dire le pays lui-même. Au delà de cette belle et large vallée, il n'y a plus que des montagnes stériles ou des déserts brûlants. Donc, en remontant le cours du fleuve nous verrons tout ce qu'il nous importe de voir. Et d'abord il faut que je vous dise que nous choisissons la saison d'hiver pour faire le voyage.

— Pourquoi l'hiver? nous aurons de la pluie! dit Esther.

— Parce que l'hiver est la belle saison dans ce pays. Pendant que nous grelottons en Europe, que nous nous serrons autour du feu, et que nos champs sont tout blancs de neige, en Afrique la grande vallée du Nil est une campagne verdoyante ! On n'y voit plus que des plaines immenses, où le blé se courbe sous le poids des épis. Autour des villages nous voyons croître des légumes de toutes sortes ; plus loin nous apercevons sur les bords du fleuve, dont les eaux sont bleues et paisibles, des champs de riz, puis du lin en fleur, puis du chanvre.

En d'autres endroits sont des plantations de cotonniers, de cannes à sucre ; et çà et là semés dans la campagne, aussi loin que la vue peut s'étendre, des bouquets de palmiers-*dattiers*, et de petits bois d'orangers et de citronniers. Un chaud soleil brille sur tout cela ; c'est le plus fertile et le plus riant pays qu'on puisse imaginer ! A la fin de l'hiver on fera la moisson, qui chez nous se fait à la fin de l'été. Nous nous sommes donc embarqués sans craindre la pluie... car la pluie est très rare dans toute l'Égypte ; il y a même certaines parties du pays où il ne pleut jamais.

— Quelle heureuse contrée, dit Esther. Pas d'hiver, pas de pluie, pas de boue !

— Mais aussi, à chacun son tour. Au printemps, lorsque en Europe les aubépines fleurissent sur les haies, et que nos campagnes deviennent belles et verdoyantes ; en Égypte, où la moisson est déjà faite, le sol est devenu aride et nu, la chaleur dévorante. Toutes les plantes jaunissent et meurent, excepté les palmiers et quelques autres arbres de tempérament robuste.

— Qu'est-ce donc lorsque l'été est tout à fait venu ?

— Ah ! mes enfants, il arrive alors une chose qui va vous sembler bien étrange. Le Nil, ce fleuve magnifique que nous admirions tout à l'heure, voit ses eaux pures et profondes se changer en une eau trouble et fangeuse; ces mêmes eaux, qui étaient restées jusque-là calmes et tranquilles, s'enflent, sortent de leur lit, et débordent sur les campagnes. Les champs qui bordent les rives sont d'abord submergés ; mais l'eau montant toujours, le pays tout entier en est recouvert.

— Que deviennent alors les habitants ?

— Les cultivateurs quittent la plaine, et se retirent dans les villes et les villages qui sont bâtis au loin, assez haut pour que l'inondation ne puisse les atteindre.

— Comme ils doivent être malheureux de voir leurs beaux champs ainsi submergés, reprit Gaston d'un air compatissant.

— Malheureux ! Bien au contraire ; ils se réjouissent ! Ce qu'ils craignent le plus c'est que le débordement ne soit pas assez considérable.

— Par exemple, dit Esther, voilà de drôles de gens ; quand le Rhône ou la Loire débordent dans notre pays, c'est un désastre affreux !

— La France et l'Égypte, reprit M. Jacob, ce n'est pas du tout la même chose. Écoutez, vous allez comprendre. Je vous disais donc, mes enfants, que pendant la crue du Nil, c'est-à-dire pendant tout l'été et une partie de l'automne, l'Égypte ressemble à un immense lac d'eau limoneuse, d'une couleur jaune rougeâtre... Les villages élevés au-dessus de l'inondation semblent autant de petites îles, qui communiquent entre elles au moyen de grandes digues. Çà et là on voit paraître au-dessus des eaux la tête des plus grands palmiers, qui s'élèvent jusqu'à huit ou dix mètres de hauteur !

— Mais d'où peut venir tant d'eau que cela? demanda Gaston. Comment se fait-il que le fleuve déborde dans un pays où il ne tombe pas de pluie? Chez nous c'est la pluie qui fait déborder les rivières.

— Je vais vous expliquer ceci, mes enfants. Regardez chacun sur votre carte. Vous voyez que le Nil n'est pas tout entier en Égypte : il a sa source bien loin vers le Sud, et avant d'arriver aux plaines cultivées où nous voilà, il a traversé un vaste pays nommé l'Abyssinie. Pendant l'été, il tombe en Abyssinie des pluies torrentielles, dont les eaux, en se réunissant, descendent dans le Nil, et l'augmentent subitement au point de le faire déborder.

Après la saison chaude, les eaux s'évaporent peu à peu, baissent, et rentrent dans leur lit. Mais comme elles ont séjourné plusieurs mois sur le sol, elles y laissent, en se retirant, un limon, une boue noire et grasse qui fume naturellement la terre, et peu à peu se dessèche. Puis le temps des semailles revient. Les moissons, les arbres, les plantes croissent avec rapidité; et la campagne reprend cet aspect merveilleux que nous admirions tout à l'heure; car vous n'avez pas oublié que c'est en hiver que nous faisons notre voyage.

La cause de cette fécondité surprenante est donc ce *limon*, cette boue grasse et noire, que les eaux du Nil ont déposée. Là où le débordement ne s'est pas étendu, rien ne pousse, c'est la stérilité. Comprenez-vous maintenant pourquoi les habitants, loin de se plaindre de l'inondation, s'en réjouissent comme d'un bienfait du ciel. Dans certaines parties que l'eau n'atteindrait pas d'elle-même, on a creusé des canaux, des réservoirs fermés par des *écluses*, c'est-à-dire des portes qu'on ouvre ou qu'on ferme pour arrêter l'eau ou la laisser passer suivant le besoin. Les anciens Égyptiens avaient fait, dans ce but, des travaux vraiment extraordinaires, surtout pour leur temps ; et aujourd'hui encore, les habitants du pays savent faire les constructions nécessaires pour *irriguer* leurs terres, et diriger l'inondation autant qu'il est possible.

— Tout cela est bien étonnant, dit Raymond.

— Mais non, mon ami. N'allez pas croire que le Nil soit le seul fleuve dont le limon ait la propriété d'engraisser les champs. Tous nos fleuves de France, le Rhône, la Seine, la Loire, emportent continuellement dans leurs eaux un limon qui a la même valeur que celui du Nil.

— Pourquoi donc alors ne s'en sert-on pas pour l'agriculture?

— On le fait en quelques endroits ; on dirige les eaux dans certaines plaines basses, où elles déposent leur limon qu'on y recueille ensuite : on appelle cette opération le *colmatage*. Elle réussit fort bien quand on sait s'y prendre ; mais on ne l'a pas encore pratiquée en grand. Il faut vous avouer, mes enfants, que pour ces sortes de travaux nous sommes bien au-dessous des anciens Égyptiens, et même des Égyptiens d'aujourd'hui, qui sont cependant moins civilisés que nous.

— Mais, dit le judicieux Gaston, si tous les ans il se dépose ainsi une certaine épaisseur de limon, le sol doit finir par s'élever peu à peu.

— C'est ce qui arrive en effet, mon ami : seulement, comme la végétation en se développant absorbe l'eau et certaines parties de la terre, l'élévation du sol est extrêmement lente. Cependant, le limon du Nil, toujours accumulé à son embouchure où il n'y a plus de végétation, a fini par former dans la mer une sorte d'île d'une certaine étendue, que l'on nomme le *delta*, parce que cette île a à peu près la forme triangulaire de la lettre grecque que voici Δ, et qui porte ce nom. Beaucoup d'autres fleuves, le Rhin et le Rhône entre autres, ont à leurs embouchures des deltas formés de la même manière.

Maintenant, mes enfants, continuons notre voyage sur le Nil, sans nous arrêter à visiter les fameuses pyramides que nous apercevons dans la plaine.

En certains endroits nous rencontrons le *papyrus*, un arbre remarquable à plus d'un titre : quand on enlève la première écorce de cet arbre, on met à nu d'autres couches d'écorce blanche qui se détachent facilement, et qu'on roule en forme de grandes feuilles minces. C'est sur ces feuilles d'écorce blanche que les anciens écrivaient ; on les appelait en latin du *papyrus*. Quand, plus tard, on a inventé les feuilles de pâte de chiffon qui nous servent maintenant à écrire, on leur a conservé le même nom, et du mot latin *papyrus* on a fait le mot français *papier*.

— Ainsi, dit Raymond, c'est d'Égypte que nous vient le papier ?

— Le nom seulement, observa Gaston, mais pas la chose.

Sur les rives du fleuve, là où les eaux sont peu profondes, nous voyons des *lotus*, belles plantes aquatiques dont les feuilles et les fleurs viennent s'étaler à la surface de l'eau, comme les nénuphars de nos étangs. Puis nous découvrons une véritable forêt de grands roseaux qui se balancent au souffle du vent, et dont je ne vous conseillerais pas d'approcher, tout braves que vous êtes !...

— Il y a du crocodile là-dedans ! s'écria Gaston, en frissonnant d'une façon plaisante, comme s'il se fût trouvé en face d'un massif de roseaux. Ah ! que ça fait donc peur !...

— Certes, il ne fait pas bon se baigner dans le Nil ! se rencontrer nez à nez avec ces affreux sauriens ! Se trouver à portée de leur gueule redoutable, armée de dents tranchantes !.... Mais que diriez-vous si vous voyiez sortir de l'eau, entre les fleurs de lotus, une tête grosse comme un baril, avec une large gueule fendue jusqu'aux oreilles ?

— Ouf ! dit Raymond.

— Eh bien, mes enfants, cette tête et cette gueule effroyables appartiennent à un animal bien autrement monstrueux que le crocodile ! Figurez-vous une bête énorme, longue de trois et quelquefois quatre mètres, portée sur de grosses jambes courtes et épaisses comme des piliers, et ornée d'un ventre qui traîne presque à terre. Cette bête est protégée par une peau épaisse et rude, dépourvue de poil, d'un brun *rosâtre*, et limoneuse comme la vase du fleuve. Son corps se termine par une queue courte et large. Quant à la tête, c'est tout ce qu'on peut imaginer de plus laid ! Représentez-vous de petits yeux placés sur des bosses saillantes, rappelant les yeux des grenouilles ; de toutes petites oreilles droites et roides ; un mufle qui va s'élargissant au lieu de diminuer, avec quelques poils formant moustache comme celle du chat, et une gueule si grande, si grande que... tenez, jugez-en par ce que je vais vous dire : dans cette gueule il y a une trentaine de dents ; eh bien, celles de devant, les *incisives*, ont de vingt à quarante centimètres de longueur ! J'ai eu moi-même entre les mains une dent *molaire*, c'est-à-dire une des grosses dents qui servent à broyer la nourriture ; cette dent pesait quatre kilogrammes ! Ce monstrueux animal, le plus gros de tous après l'éléphant, se nomme l'*hippopotame*.

Les enfants avaient écouté cette description bouche béante. Quand le nom de cette bête presque fabuleuse eut été lâché, ils respirèrent tous à la fois, et dirent presque en même temps :

Hippopotames faisant traverser le fleuve à leurs petits.

— Ah ! l'affreuse bête !

— Oui, affreuse en vérité. Et pourtant cet animal n'est point féroce. Je ne dirai pas qu'il est doux, mais plutôt qu'il est stupide. C'est à peine s'il a l'instinct de se défendre. Quand on l'attaque il s'enfuit, et plonge dans le fleuve pour se dérober à ses agresseurs.

— Mais si cette pauvre grosse bête n'est pas méchante, pourquoi cherche-t-on à lui faire du mal ?

— Vous allez le comprendre, mes enfants. L'hippopotame, il est vrai, est un animal tranquille ; mais comme il ne vit que de végétaux, il en fait une consommation terrible.

Pendant le jour, les hippopotames se cachent dans les roseaux, au bord du fleuve, la tête seulement hors de l'eau. Au coucher du soleil ils sortent de leur retraite, et viennent s'ébattre au milieu du fleuve. Ils nagent parfaitement, et plongent de même. Ils peuvent même demeurer assez longtemps sous l'eau ; cependant il leur faut revenir à la surface pour respirer. Mais quand la nuit est venue, surtout si la lune brille, ils sortent du fleuve pour aller pacager dans les champs voisins. Figurez-vous alors ce qu'il advient d'un champ d'orge ou de blé, d'une plantation de maïs ou de cannes à sucre, quand une demi-douzaine d'hippopotames sont venus pendant une nuit seulement y prendre leur nourriture ! Ce qu'ils n'ont pas dévoré, ils l'ont foulé aux pieds, écrasé, ravagé... c'est un affreux dégât, une perte considérable ! Voilà pourquoi les habitants cherchent à détruire ces animaux qui leur causent tant de dommages.

Hippopotames dans les champs.

Mais les détruire n'est pas toujours facile, car l'hippopotame est couvert d'une peau épaisse qui le protége contre les armes, et, de plus, il a la vie très dure. Le plus souvent on le prend au moyen de grandes fosses creusées sur le chemin qu'il a l'habitude de parcourir, et que l'on recouvre de branches d'arbres. C'est toujours le même genre de piège que pour les bêtes féroces. Quand l'hippopotame sort du fleuve la nuit, il n'aperçoit pas la fosse perfide, et s'y laisse tomber. Souvent aussi les habitants montent sur de légères barques et vont l'attaquer jusqu'au milieu du fleuve. Mais cette sorte de chasse est dangereuse, parce que l'hippopotame blessé devient furieux; d'un coup de dent il défonce ou fait chavirer l'embarcation, et alors !... les crocodiles sont là, qui trop souvent se chargent de le venger.

— M. Jacob, demanda Esther, quand on a pris un hippopotame vivant, qu'est-ce qu'on peut bien en faire?

— Hum! répondit M. Jacob, c'est encore plus embarrassant que de gagner, comme mon ami Just, un bœuf à la loterie. On l'envoie à quelque ménagerie probablement, moi j'aimerais mieux le prendre mort.

— Qu'en fait-on quand il est mort?

— On tanne sa peau, et l'on utilise sa graisse comme celle des autres animaux. On prétend même que son lard a plus de qualités que celui du porc. Quant à ses grandes dents, c'est surtout aux dentistes qu'elles reviennent pour en faire des dents artificielles.

Les hippopotames sont devenus assez rares en Égypte, surtout dans la partie qu'on nomme la Basse-Égypte, près de la mer. Au contraire, dans la partie du fleuve la plus rapprochée de sa source, c'est-à-dire en Nubie et en Abyssinie, ils sont encore très communs et causent beaucoup de ravages.

— Je trouve, dit Esther, que ce nom d'hippopotame donne l'idée de quelque chose....

— Oui, en effet, n'est-ce pas? Il exprime bien la masse et la lourdeur. Ce mot signifie en grec *cheval de fleuve.*

— C'est assez mal trouvé, dit Gaston, car cette bête ne me paraît pas du tout ressembler à un cheval.

— Sans doute, reprit M. Jacob, mais la voix de cet animal est un mugissement qu'on entend au loin, et surtout le soir, sur le bord des fleuves : les anciens comparaient cette voix au hennissement du cheval; c'est pour cela sans doute qu'ils ont donné à l'animal le nom d'*hippopotame*. Quant à la forme, il a plutôt de l'analogie avec le porc, aussi le range-t-on parmi les *porcins*, classe d'animaux ainsi nommés parce qu'ils ressemblent au porc. Il y a néanmoins entre eux d'assez grandes différences : ainsi les hippopotames ont quatre sabots à chaque pied, tandis que les porcs n'en ont que deux; de plus, leur tête ne ressemble guère au groin d'un porc ou à la hure d'un sanglier. Les dents n'ont pas non plus la même forme; mais l'hippopotame a, comme le porc, la peau presque nue, la pesanteur, et les instincts peu délicats.

— Y a-t-il des hippopotames ailleurs que dans le Nil?

— Il y en a dans tous les fleuves d'Afrique, dans

les marais, et au bord des lacs, excepté dans le nord de cette partie du monde.

— Et les *sphinx?* demanda Esther, est-ce aussi dans le Nil qu'on les rencontre?

— Ah! dit M. Jacob en souriant, les sphinx ne sont pas des animaux..... mais des monuments! Ce sont des statues gigantesques, représentant un animal il est vrai, mais un animal imaginaire, fabuleux, un animal qui n'a jamais existé..... Jugez-en : il a une tête humaine sur un corps de lion!....

C'est dans notre prochain voyage en Égypte que nous visiterons les sphinx, et les pyramides. Pour cette fois nous faisons halte ici. D'ailleurs le soir vient..... c'est l'heure de la récréation pour les hippopotames et les crocodiles!... Nous pourrions faire de fâcheuses rencontres. Allez, mes bons amis, faire comme les crocodiles et les hippopotames, et à bientôt notre deuxième expédition!

Questionnaire

Dans quel pays se trouvent les hippopotames?
Vivent-ils sur la terre et dans l'eau?
Dans quel grand fleuve trouve-t-on principalement les hippopotames?
Dans quelle contrée coule le Nil?
Quelle est la grandeur ordinaire des hippopotames?
Sont-ce des animaux lourds ou légers?
Sont-ils laids ou de formes agréables?
Savent-ils nager?
De quoi se nourrissent-ils?

Sont-ils féroces ou pacifiques?
Comment peuvent-ils devenir redoutables pour l'homme?
Pourquoi détruit-on les hippopotames?
Leur peau est-elle épaisse et les défend-elle contre les armes?
Faites la description de l'hippopotame.
Quelle longueur et quel poids peuvent atteindre ses dents?
Quel est le premier mouvement de l'hippopotame quand il se sent attaqué?
Ne prend-on pas quelquefois l'hippopotame dans des pièges?
Que fait-on de leur peau? de leur graisse? de leurs dents?
Que veut dire ce nom d'hippopotame?
Dans quel ordre d'animaux l'hippopotame est-il rangé?
Dans quels autres pays que l'Egypte trouve-t-on des hippopotames?
Quel est l'engrais naturel des champs de l'Égypte?
A quelle époque a lieu le débordement du Nil?
Quels travaux les Égyptiens font-ils pour communiquer d'un village à l'autre pendant l'inondation de leur pays?
Qu'appelle-t-on un delta?
Nommez quelques deltas principaux.
Quelles sont les productions naturelles de l'Égypte?
Quel est l'arbre qui a fourni le nom du papier?
Expliquez pourquoi et comment.
Les sphinx sont-ils aussi des animaux.
L'Égypte a-t-elle eu autrefois une civilisation très développée?

LE CHEVAL

(A CHANTILLY ET AILLEURS)

Le soleil brille, le jour est chaud, la route poudreuse. De temps en temps on voit passer, soulevant la poussière, de brillants équipages, de jeunes cavaliers qui caracolent sur des chevaux fringants. — Il y a fête sans doute dans les environs. Les riches bourgeois de la campagne arrivent dans leurs belles voitures, les gros fermiers dans leurs lourdes pataches. Où vont-ils? Je voudrais bien le savoir.

A qui le demanderons-nous? A ce beau cavalier qui passe rapide comme un éclair?... Il ne nous entendrait même pas. A ce vieux monsieur ennuyé qui lit son journal dans sa voiture? Il l'a peut-être oublié. Serait-ce à cette vieille *pastoure*, qui file sa quenouille de laine grise au bord du fossé?... Ah! mes enfants, celle-là, bien certainement ne sait même pas de quoi il est question, ni pourquoi on s'agite.

Mais parmi ce flot de gens à pied, à cheval, en voiture, voyez cette petite carriole découverte, fraîchement bariolée de vert et de rouge, à laquelle est attelée une bonne grosse jument franc-comtoise.

Celui qui conduit le véhicule, le père sans doute, a ce visage tranquille et demi-souriant qui indique la simplicité et la bonhomie. Les deux jeunes garçons, assis sur le banc de bois suspendu par des courroies, regardent de tous côtés pour ne rien perdre. Ils semblent tout joyeux, tout fiers d'être venus à la fête, et se promettent à coup sûr un vif plaisir. Ils causent avec animation. Leur lourde et rustique jument se met insensiblement au pas après un temps de marche au trot. Que disent-ils? Écoutons-les. C'est l'un des fils qui parle :

— Est-ce que nous n'arrivons pas bientôt, donc?

— Patience, mon fils; notre *Alouette* n'est pas un cheval de course comme ceux de ces beaux cavaliers. Mais tout à l'heure, au détour du moulin, la route domine les prairies... tu verras toute une foule, un mouvement? C'est bien autre chose, va! que nos assemblées du lundi de Pâques. Enfin, tu verras, tu verras...

— Je vois! je vois! Michel, regarde là-bas, entre les arbres! Y en a-t-il des voitures! et des chevaux! et du monde!...

— Est-ce que tout cela va courir à la fois, père? Il y a bien assez de place. Est-elle grande cette prairie-là!

— Et, reprit Michel, vois donc cette grande espèce de tente qu'il y a là-bas, avec des pavillons et des drapeaux. Ah! père, hâtons-nous! Ce sera peut-être fini quand nous arriverons.

Le brave homme souriait de l'enthousiasme de ses enfants. En arrivant au pied du moulin, là où la route prend une légère pente, il céda à leur empressement naïf, fit claquer bruyamment son fouet, et l'*Alouette*, qui depuis quinze ans n'avait trotté que dans les grandes circonstances, prit le galop pour la première fois de sa vie. Furent-ils rudement secoués !... Ah ! ils en avaient bien l'air.

Ils approchent, voilà la foule. Il faut prendre le pas malgré son impatience. Tout le monde voudrait passer à la fois. Il faut attendre celui-ci, suivre celui-là : on s'accroche, les cochers jurent. Enfin, à force de presser, d'avancer, de reculer, de faire claquer son fouet et de crier gare, voilà nos gens arrivés.

— Ici, père !

— Non, plus loin, plus loin encore... Voyez-vous là-bas une place vide, une excellente place à l'ombre, nous y serons bien !

Le père descendit, et se mit à causer avec quelques amis qu'il venait de rencontrer, tandis que les deux enfants, debout sur le banc, parcouraient des yeux la vaste prairie. Si l'Alouette avait bougé, ils seraient tombés en bas de la voiture. Mais l'Alouette faire un mouvement inutile !... Ce n'était pas à craindre.

Déjà, depuis quelques minutes ils étaient attentifs, en suspens, croyant à chaque instant voir s'élancer, comme un tourbillon, une foule de brillants cavaliers.

— Tiens ! tiens ! regarde donc, Michel, vois-tu ces petits domestiques en vestes de toutes couleurs qui galopent tout là-bas !... Ils viennent de notre côté. Ils vont comme le vent ! Un, deux, trois, quatre, cinq ! Ah ! en voici un sixième ! Qu'est-ce qu'ils font, ceux-là !

— Ils s'essayent sans doute. Ils vont très-bien, mais c'est égal, ils ont tort... ça va fatiguer leurs chevaux.

Ces petits campagnards prenaient pour des domestiques les jockeys anglais, qui se font maigrir pour peser moins sur leurs chevaux !

Tout à coup le père revint précipitamment vers ses fils, et remonta dans la carriole en disant :

— Regardez, regardez bien, les garçons ; voici la grande course, la course d'honneur ! Le signal est donné. Voyez-vous le pavillon qu'on vient de hisser là-bas ?...

— Pourquoi donc ne partent-ils pas ?

— Que dis-tu ? Mais ils sont partis, les voilà !...

— Où ? où donc ?

— Là, là... les voici qui passent !

— Ça ! ces six ou huit chevaux-là ?...

— Mais oui.

— Pas possible ! Je croyais qu'ils allaient courir au moins une centaine à la fois...

Et pourtant, malgré le désappointement de Pierre, un grand monsieur qui était près de la carriole disait que c'était une belle course.

— Ah ! en voilà un qui est tombé ! le pauvre homme ! Quoi ! les autres ne s'arrêtent pas pour le relever ?...

— Regarde, regarde, les voilà qui tournent... Ils reviennent devant le pavillon !

La musique sonnait une fanfare.

Les deux enfants, un peu étourdis par le bruit et le mouvement, et cherchant toujours des yeux quelque autre chose à voir que ce qu'ils avaient vu, se disaient :

— Il y en aura d'autres, bien sûr ; ça ne peut pas être tout.

« Cinquante mille francs ! disait-on dans la foule.

C'est le prix de cinquante mille francs que *Flammèche* a gagné ! »

— Père, dit Michel, ils disent que le cheval a gagné cinquante mille francs ? Cinquante mille francs pour avoir couru d'un bout à l'autre du pré ! C'est-il Dieu possible ?...

— Ça n'a pas duré cinq minutes, reprenait Pierre. Ça ne s'appelle pas travailler ça !

— Moins ils travaillent longtemps, plus ils sont payés, dit le père.

— Ça n'est pas juste, ça ! Un bon cheval qui travaille toute l'année au labour et à la charrette ne gagne pas autant, n'est-ce pas, mon père ?

— Tant s'en faut ! mes pauvres petits... Et encore le prix n'est pas tout : il y a les *paris*...

— Qu'est-ce que c'est que les paris ?

— C'est une gageure, un jeu. Les messieurs qui s'intéressent aux chevaux de course parient entre eux que ce sera tel ou tel cheval qui gagnera le prix. Les uns sont pour, les autres contre. Les enjeux finissent par former des sommes considérables, quelquefois quinze mille francs, vingt mille francs. La valeur d'une petite ferme !

— Et qui fournit tout cet argent-là ?

— Mais, naturellement ceux qui perdent.

— Alors, l'argent ne fait que changer de poche?

— Sans doute. Le pari n'a d'autre résultat que de donner à l'un ce qu'il enlève aux autres.

— J'aime mieux l'Alouette, s'écria Michel ; elle laboure nos champs !

— En effet, répondit le père, notre vieille Alouette fait autre chose que de soulever la poussière : elle nous aide à faire venir du blé là où il n'y aurait que de l'herbe. Elle *produit une valeur*, comme on dit, une valeur véritable qui contribue au bien de tout le monde.

Une autre course eut lieu. Michel et Pierre la trouvèrent, avec raison, toute semblable à la première ; ils continuaient d'être désappointés.

— Ah ! ma fine ! disait Pierre, tant de monde pour si peu de chose, ce n'est pas la peine. On en voit tout autant dans le pré de M. le maire, lorsque Jean ramène le poulain à la pâture.

— C'est plus beau dans le pré à M. le maire, reprit l'aîné, parce que les chevaux sont libres ; il n'y a point de jockeys dessus.

— En avez-vous assez ? demanda le père, qui désirait avoir le temps de faire quelques commissions en ville avant de retourner à la ferme.

— Oui, oui ; allons-nous-en.

— Viens-t'en, ma vieille Allouette, dit Michel en caressant la tête du paisible animal. Tous ces chevaux-là sont plus beaux que toi ; mais tu as fait plus de bon ouvrage dans ta pauvre vie qu'ils n'en feront jamais à eux tous, avec leurs grandes jambes ! ajouta l'enfant d'un ton d'humeur !...

Et les braves gens, tournant bride, partirent sans regret.

Maintenant, voyons si nous devons être tout à fait de leur avis.

Certainement, de tous les serviteurs de l'homme, le cheval du laboureur est un des plus précieux. Vous en avez vu, n'est-ce pas mes enfants, de ces fortes et vaillantes bêtes aux formes lourdes et robustes? Ceux-là gagnent bien le foin qu'ils mangent, et les soins presque toujours insuffisants qu'on leur donne.

Mais le cheval de labour n'est pas le seul qui fasse un rude et utile travail. Ceux qui tirent les voitures ne font-ils pas aussi un travail utile, en épargnant à l'homme du temps et de la peine ?

Enfin, il faut encore des chevaux de selle pour porter des cavaliers, des courriers par exemple. Si les chevaux de trait doivent être plus forts, puisqu'on leur fait traîner de lourds fardeaux, les chevaux de selle doivent être plus agiles, puisqu'on exige d'eux une très-grande vitesse. Aussi les chevaux de selle sont-ils plus délicats que les autres. Si on les employait aux rudes travaux du cheval de trait ils perdraient leur légèreté, en supposant, ce qui est douteux, qu'ils pussent s'y habituer.

Puisque nous ne demandons pas à tous les chevaux le même travail, il nous faut donc des *races* de *chevaux différentes* les unes des autres, et pro-

Chevaux de selle.

pres aux emplois spéciaux que nous en voulons faire. Ces *races* proviennent de divers pays, où elles se perpétuent avec des qualités particulières à chacune d'elles.

Ainsi, par exemple, les chevaux du Boulonnais, de la Franche-Comté, et cette race qu'on appelle en Angleterre chevaux de brasseurs, sont très-forts : on les emploie au labourage.

Faut-il des chevaux de voiture? Ceux de race *normande* sont préférables. Il s'en vend, pour les voitures de luxe, jusqu'à 12 000 et 14 000 francs la paire.

Voulez-vous un bidet patient, facile à conduire, mangeant très-peu! Prenez un petit cheval de Bretagne.

Pour la selle et pour le trait, les chevaux anglais sont très estimés, et méritent leur bonne réputation; ainsi que les chevaux d'Auvergne, du Limousin, de Navarre, employés pour la cavalerie légère, et ceux du Perche pour les postes et les messageries.

Mais la plus appréciée de toutes les races de chevaux, c'est celle qui est originaire d'Arabie. Les chevaux arabes sont les plus légers à la course, les plus capables d'aller vite et longtemps, les plus sobres, les plus attachés à leur maître. Les Arabes sont aussi, de tous les cavaliers, ceux qui aiment le plus leurs chevaux et les soignent le mieux. Les chevaux arabes sont employés principalement, et cela se conçoit, comme chevaux de selle.

Vous comprenez, mes enfants, que pour faire venir tous ces animaux des pays où ils se trouvent, du Mecklembourg, de l'Angleterre, de l'Algérie, afin d'en acclimater la race chez nous, il faut faire des dépenses considérables. Il est donc juste que ceux qui prennent cet embarras et font cette dépense, soient indemnisés : c'est pour cela que dans le principe on a imaginé les *courses*, et donné des prix en argent aux *éleveurs* qui ont présenté les meilleurs chevaux. Ce n'était donc pas une injustice comme disait le petit Michel, qui sans doute ne savait pas ce que je viens de vous apprendre. Cependant là, comme partout, et plus qu'ailleurs peut-être, il s'est introduit des abus, des excès, et l'on a manqué le but qu'on s'était proposé.

Quant aux paris, ce sont des jeux immoraux, et nos braves paysans avaient bien raison de mépriser ce profit qui vient non du travail, mais du hasard, et cause toujours la ruine de quelqu'un.

Je viens de vous parler des chevaux arabes : c'est en Arabie, mes enfants, que sont le mieux appréciées les belles qualités du cheval. Ceux de cette race, comme je vous le disais, sont les plus beaux animaux qu'on puisse voir ! Ils ont l'œil ardent, la tête fine, le poil luisant, la forme svelte, la démarche gracieuse. Le bien le plus précieux de l'Arabe, c'est son cheval ; il est son orgueil, sa plus vive affection, son compagnon fidèle. Le cheval de l'Arabe s'abrite la nuit sous la tente de son maître, avec la femme et les enfants : la famille occupe un des côtés de la tente, l'autre est réservé au coursier favori. Par exemple, c'est un trait de mœurs que je ne vous donne pas comme un modèle de propreté...

De cette familiarité entre l'homme et son compagnon naît leur attachement réciproque. Aussi voyez le noble animal quand son maître l'approche ; il le reconnaît de loin, il hennit, il gratte la terre. L'Arabe flatte son coursier de la main, il s'élance sur son dos ; puis un mot, un geste seulement, le cheval s'élance... ils disparaissent tous deux, rapides comme un tourbillon !

On pense que c'est de l'Orient que nous est venu primitivement le cheval, mais il y en a presque partout maintenant. Dans l'Amérique du Sud on trouve beaucoup de chevaux sauvages, vivant librement dans de grandes plaines appelées *pampas.* Ils vont par troupes et sont très farouches. Les habitants du pays les prennent en leur lançant, à la course, un *lasso* ou lacet, longue corde terminée par un morceau de plomb qui la fait tourner autour du corps de l'animal et le retient.

Le chasseur, ou *gauchos*, fait faire au cheval qu'il a enlacé ainsi un temps de galop, pendant lequel il lui met adroitement un mors et une bride. Après deux ou trois jours, le cheval est assez dompté pour qu'on puisse s'en servir. Le gauchos le vend alors ou l'emploie à son propre usage. Quand il n'en a plus besoin il le renvoie dans la plaine, quitte à en dompter un autre quand il en aura besoin.

Une chose qui peut-être vous surprendra, mes enfants, c'est qu'il existe en France même, dans les vastes plaines du delta de la Camargue, à l'embouchure du Rhône, des chevaux à demi sauvages, avec lesquels les paysans en usent exactement comme les Mexicains et les Brésiliens dans les *pampas.* Au temps de la récolte ils se rendent maîtres de ces chevaux, et les emploient à *dépiquer* le blé en les faisant piétiner sur les gerbes ; ensuite ils les laissent retourner pour un an à leur existence vagabonde.

Chevaux de la Camargue.

Le cheval, comme vous le voyez, se *domestique*

facilement, c'est-à-dire se soumet facilement à l'autorité de l'homme. Nous n'avons pas partout des chevaux sauvages à dompter, mais nous avons presque partout de jeunes *poulains* à élever et à dresser au travail. Pour les premiers on emploie la ruse; pour les seconds, on a recours à la douceur et à la patience : on les traite bien, et on leur fait progressivement prendre des *habitudes*.

Dans les pays où l'on élève des chevaux, pays toujours riches en pâturages, parce qu'il faut beaucoup de foin pour ces animaux, quelques-uns d'entre vous ont sans doute vu, parfois, un petit poulain sauter, courir dans les prairies autour de la *jument* sa mère. Un petit poulain c'est gauche et c'est charmant!... On les laisse teter six ou sept mois, puis on leur donne du son à manger et un peu de foin. Il y a de grandes précautions à prendre pour leur nourriture ; il faut aussi éviter qu'ils aient froid. Quand ils ont quatre ans, on commence à les habituer au travail; on leur fait porter des fardeaux proportionnés à leur force ; on les attelle aux voitures ; on leur apprend à obéir à la voix, à la bride. Mais pour bien faire cette éducation, il faut de la douceur et de la prudence, afin de ne pas fatiguer l'animal encore jeune, ce qui le ruinerait pour le reste de sa vie.

On les accoutume aussi à prendre toutes les *allures*. On nomme *allures* les différentes manières de marcher du cheval : le pas, le trot, le galop, l'amble. Cette dernière allure consiste à porter en avant les deux jambes de droite ensemble, puis les deux jambes de gauche, contrairement à la marche ordinaire, dans laquelle les animaux portent en même temps une jambe droite et une jambe gauche. L'amble, vous le savez, est la marche naturelle de la girafe; elle peut être donnée à d'autres animaux par l'éducation. Elle est plus douce pour le cavalier, mais plus fatigante pour le cheval.

Le pied du cheval n'est point fendu ; il n'a qu'une seule corne ou *sabot*. Dans nos pays, où les routes sont très dures, le sabot du cheval s'userait vite si l'on n'avait soin d'y fixer, en dessous, une plaque de fer échancrée qu'on nomme un *fer à cheval*. Cette opération s'appelle le *ferrement*, et l'ouvrier qui la pratique s'appelle un *maréchal-ferrant*. Il faut ferrer un cheval avec habileté et précaution, pour ne pas atteindre la chair de l'animal, ce qui le ferait beaucoup souffrir et boiter.

Vous savez, mes enfants, de quelle utilité nous est le cheval pendant sa vie; mais savez-vous le parti que l'industrie de l'homme sait tirer de ses dépouilles après sa mort? La peau du cheval est *tannée* par des ouvriers qu'on appelle *tanneurs*, et devient du cuir. L'opération du *tannage* consiste à laisser séjourner les peaux dans une cuve, avec de l'eau et de l'écorce de chêne réduite en une poudre grossière qu'on nomme *tan*.

Les peaux d'un très grand nombre d'animaux tels que le bœuf, l'âne, la chèvre, la brebis, sont aussi tannées de différentes manières et pour différents usages. Avec les crins de cette belle queue flottante, qui est la parure du cheval, on fait les archets dont on se sert pour faire résonner les cordes de la basse et du violon. Les crins de la *crinière*, plus courts, servent à rembourrer les coussins et les matelas. La corne des sabots est utilisée de différentes manières. Enfin, la chair du cheval, très saine et très nourrissante, est vendue maintenant, en différents pays, pour la nourriture de l'homme, comme la chair du bœuf et de la vache.

Le groupe d'animaux où sont rangés le cheval, l'âne, et d'autres animaux qui s'en rapprochent, est nommé par les savants : l'ordre des *jumentés*, du mot latin *jumenta*, *bête de somme*. La femelle du cheval se nomme aussi dans notre langue une *jument*. C'est qu'en effet le cheval est le *porteur* par excellence, celui sur lequel l'homme se décharge de ses fardeaux ; c'est un de nos plus précieux auxiliaires parmi les animaux domestiques.

Domestique, voilà encore un mot que vous avez sans doute entendu prononcer souvent sans le comprendre. Il signifie : habitant sous le toit de l'homme, et attaché à sa famile. Vous voyez qu'il n'a rien d'humiliant, et n'est pas du tout synonyme de serf ni d'esclave.

Maintenant, mes enfants, vous devez comprendre qu'en nous emparant de ces animaux que Dieu a créés en liberté, en les *domestiquant* pour notre propre usage, en leur imposant des efforts pour nous alléger le travail, nous nous obligeons par cela même à les bien traiter, les bien soigner, et à subvenir à tous leurs besoins. C'est là, en effet, un strict devoir de justice, et nous devons être justes envers ces amis inférieurs dont la vie tout entière est consacrée à notre service. L'impatience envers des êtres utiles, mais privés de raison, est une sottise, et la brutalité une honteuse ingratitude !

Questionnaire

Le cheval est-il plus ou moins grand que les autres animaux domestiques ?
Comment appelle-t-on les poils de son cou et de sa queue?
Comment ses pieds sont-ils faits?
Sont-ils fendus ou d'une seule pièce?
Le cheval n'est donc pas un ruminant?
Comment appelle-t-on la garniture de crins qu'il a sur le cou?
Comment s'appelle la femelle du cheval?
Combien a-t-elle de petits à la fois?
Comment s'appelle le petit de la jument?
Comment appelle-t-on la garniture de fer qu'on cloue sous les pieds des chevaux?
Comment appelle-t-on les ouvriers qui ferrent les chevanx?
Pour quel motif ferre-t-on les chevaux?
Y a-t-il des chevaux sauvages et dans quels pays?
A quels usages sert le cheval domestique?
Que veut dire le mot *jumenté?*
Quelles sont les plus belles espèces de chevaux?
L'Arabe a-t-il grand soin de ses chevaux et beaucoup d'amitié pour eux?
Nommez quelques espèces de chevaux renommés.
Quelles espèces préfère-t-on pour la course?
Pour le trait?
Les travaux des champs?
La cavalerie?
La selle?
Qu'est-ce qu'un poulain?
A quel âge commence-t-on à dresser les poulains?
Qu'appelle-t-on les *pampas?*

Dans quels pays se trouvent les pampas?
Comment prend-on les chevaux dans les *pampas?*
Nommez un département de la France où se trouve un delta dans lequel il y a des chevaux sauvages.
Comment s'appelle ce delta?
Quelles sont les différentes allures du cheval?
Comment appelle-t-on sa voix?
Quand le cheval est mort à quoi nous sert sa peau?
A quoi nous servent ses os?
Ses intestins?
Ses sabots?
Ses crins?
Sa chair?
La chair du cheval est-elle une nourriture saine?
Est-ce seulement en France qu'on en fait un aliment?
Le cheval n'est-il pas un des plus précieux serviteurs de l'homme?
Ne doit-il pas être traité par nous avec bienveillance et justice?

L'ANE

(UN AMI MÉCONNU)

Ce matin-là, il y avait dans la maison un mouvement inaccoutumé. Le soleil se levait à peine, et déjà Jules et Robert, aidés de la bonne, allaient et venaient de la cave au fruitier, descendaient à la ferme, prenant dans toutes ces allées et venues je ne sais quel air mystérieux et affairé, qui faisait pressentir quelque importante et *secrète* expédition. Puis, en passant devant la chambre où trois autres enfants et leur mère dormaient encore sans se douter de rien, on marchait sur la pointe du pied ; on écoutait à la porte avec des *chut !* des rires comprimés... Évidemment il se préparait quelque chose !...

Qu'était-ce donc? Le père lui-même va nous le dire :

— Écoutez-moi, et soyez discrets, jeunes lecteurs ! Un complot se trame : un complot entre deux de mes fils et moi. Il s'agit d'une longue et joyeuse promenade, qui durera toute la journée. Dès hier soir c'était décidé entre nous ; le jour s'annonce bien ; après le lever du soleil, de légers brouillards s'élèvent, mais le vent du matin va les dissiper ; le temps est magnifique. Nous avons fait mystère de ce projet à ma chère femme et à nos bons petits, parce que le temps eût pu devenir pluvieux ; puis, parce que..... enfin parce que c'est bien mieux ainsi, et je crois que vous serez de mon avis.

Donc, en attendant qu'ils s'éveillent là-haut, faisons nos préparatifs pour cette promenade, à laquelle je vous invite, mes chers lecteurs. Il nous faut des montures tout d'abord ; nos petites jambes ne nous porteraient pas si loin : aux deux ânes de la ferme nous joindrons trois autres *coursiers à longues oreilles*, retenus depuis hier chez nos voisins. François, le garçon de ferme, aidera à mes enfants à disposer le *bât* sur le dos de chaque animal. La bonne mettra dans les grands paniers les vivres pour le voyage : car nous ne revenons pas dîner à la maison.

François arrive, conduisant les trois ânes qui doivent compléter notre équipage. Mais voilà qu'en entrant dans la cour, ces étrangers aperçoivent nos deux paisibles *roussins*, déjà sanglés et bâtés, mangeant leurs dernières bouchées d'avoine, et alors ils entonnent, pour salutation, le chant retentissant et sonore que vous savez. *Margot* et *Roussette* ne peuvent, par politesse, se dispenser d'y joindre leurs voix ; et l'air retentit de *hi-han ! hi-han ! hi-han !* qui trahissent notre secret.

Au bruit de ce concert, mêlé de nos éclats de rire, nos dormeurs, soudainement réveillés, viennent nous montrer à la fenêtre leur blondes figures étonnées et encore tout endormies.

— Allons! allons! crient les aînés, vite, frottez-vous les yeux, et habillez-vous!

La Grise toute bâtée.

— Qu'y a-t-il, mes amis? demande ma femme apparaissant à son tour; que veut dire tout cela?

— Ah! mère, répondent en sautant de joie et frappant des mains les petits enfants qui devinent tout : quelle charmante idée! une promenade! Tous sur des ânes! Quel plaisir! descendons vite!

— Où donc allons-nous?.....

— Tu sais, chère femme, que notre meunier des Aulnaies est venu nous avertir que la digue a besoin de réparations. Il faut que j'aille visiter cela pour m'entendre avec lui, et j'ai songé à faire de cette course une partie de plaisir pour toi et les enfants.

— Et tu ne m'en as rien dit ?

— Je voulais t'en parler hier soir, mais Jules et Robert m'ont supplié de n'en rien faire pour te causer une surprise ce matin, et j'ai cédé à leur désir.

— Hâtons-nous alors, mes enfants, dit la mère en se mettant à habiller les plus petits ; à l'œuvre tous, la chaleur sera forte, il nous faut être rendus avant le grand soleil.

Un quart d'heure après, notre caravane se mettait en *selle :* nos deux petites, Jeanne et Marcelle, toutes souriantes de plaisir, étaient assises sur une *brassée* de foin dans chacun des paniers suspendus au bât de Roussette. Du côté de Marcelle, qui était la plus légère, on avait mis un pain pour maintenir le bât en équilibre. Georges, gravement planté à califourchon sur une selle grossière, montait un des ânes du voisin ; la charge était complétée par deux paniers suspendus aux flancs de l'animal et contenant les provisions. Notre vieille et paisible Margot portait ma femme. Mais quand il s'agit d'enfourcher les deux derniers ânes, il faillit s'élever une petite contestation. Jules voulait s'emparer du plus vif des deux, prétendant que l'autre n'était qu'une vieille bourrique éclopée, pelée, rendue avant d'être partie! Tant pis pour toi, disait-il, je suis l'aîné, je choisis.

Et Robert de réclamer contre ce procédé tyrannique.

Je m'interposai :

— Voyons, allez-vous nous retarder par vos contestations? Jules, ce que tu fais là n'est pas bien. L'aîné a les mêmes droits que ses frères, mais il n'en a pas un de plus, si ce n'est celui d'être le plus raisonnable. Cette pauvre bête n'est pas belle sans doute ; mais, ou je suis bien trompé, ou elle ne mérite pas le dédain que tu lui prodigues. D'ailleurs, je te préviens que le *baudet* que tu choisis parce qu'il a meilleure apparence, est un animal têtu, qui donnera du fil à retordre à son cavalier ; et pour te punir, je te l'adjuge comme droit d'aînesse. Puisque tu es l'*aîné*, tu dois être en effet plus capable de résister aux caprices de ta monture... Allons donc, Jules, allons Robert, en selle! et joyeusement!

La *selle*, c'était tout simplement un sac jeté en travers sur le dos de l'animal, et aussi confortablement bourré que notre industrie nous l'avait permis. En de telles circonstances, les expédients entretiennent la gaieté.

— Aïe! hop! hue!

— Aïe! hue, hue donc!

La petite calvacade se met en route par les sentiers, sous les arbres, le long des haies fleuries. François tirant la bride de Roussette ouvrait la marche. Pour moi, armé d'une légère baguette de coudrier, j'avais pour tâche de veiller au bon ordre du défilé, et d'en presser tant soit peu la lenteur. Tâche laborieuse s'il en fut ! Diriger des ânes ne fut jamais chose facile !... Chemin faisant, c'était tantôt l'un, tantôt l'autre qui troublait l'ordre de la marche ; aussi il faut avouer que nos cavaliers n'étaient pas fort habiles.

— Prends donc garde, Georges, criait Robert, tu vas accrocher tes paniers aux buissons !

— Tais-toi, Robert ! tu fais peur à ma bête ! répondait Jules. Ah l'animal stupide ! Eh bien, le voilà arrêté..... va-t-il rester là?

— Il veut entrer dans les champs ! Père, père, accours ! mon âne ne veut plus aller. Il veut rester à paître l'herbe du champ. Hue, hue donc ! je ne peux pas lui faire relever la tête.

— Tire la bride !

— C'est lui qui me la tire.

Et à chaque incident de cette sorte, c'étaient des rires..... des rires qui n'en finissaient plus.

Nous arrivons enfin à l'extrémité du sentier près de la grande route. Là, sur le haut d'un petit fossé, s'étalent de magnifiques chardons. Quel est l'âne assez maître de lui-même pour résister à l'appât d'un chardon ? Le coursier de Jules, le premier, lève la tête de ce côté, puis il s'arrête et se tourne bravement en travers du chemin pour brouter à son aise... Force est aux autres bêtes qui suivent de s'arrêter court ; elles aussi aiment les chardons, et les voilà toutes ensemble à se régaler, sans se soucier aucunement de la résistance que nous tentons en vain de leur opposer ; la vieille Grise, si dédaignée, fut seule assez sage pour continuer paisiblement sa route, et prit de l'avance sur les autres.

— Ah ! père, criait Robert hors de lui, nous n'en viendrons jamais à bout ! En grâce, donne-nous à chacun une baguette, autrement nous n'arriverons pas aujourd'hui.

— Voici mieux que des baguettes, leur dis-je en offrant quelques bouchées de pain aux ânes qui se mirent aussitôt à me suivre. Voyez, enfants, si la bonté ne suffit pas pour remettre dans le devoir, même les ânes !

— C'est bien extraordinaire ! dit Jules, quand nous eûmes enfin quitté cette halte forcée, comprend-on le goût de ces bêtes-là pour une plante aussi désagréable ? Ce matin, avant de partir, nous les avons bourrés d'excellent foin, de son, d'avoine ; ils ne peuvent pas avoir déjà faim, car ils ont à peine essayé de brouter une bouchée d'herbe le long de la route ; et pour ces misérables chardons tout piquants ils sont enragés ! Cela doit leur mettre la langue en sang ?

— Il paraît qu'ils savent s'y prendre assez adroitement pour ne pas se piquer. Ce goût, qui nous semble en effet bizarre, est peut-être chez l'âne un souvenir du temps où il errait à l'état sauvage dans les déserts de l'Arabie, dont sa race est originaire. Il n'est pas seul, d'ailleurs, à montrer cette prédilection pour les chardons ; les chameaux les aiment aussi. Les chevaux eux-mêmes, dans certains pays où le genêt épineux est commun, en Bretagne par exemple, broutent fort bien cette plante armée de si rudes aiguillons, pourvu toutefois qu'on l'ait quelque peu *pilée*, c'est-à-dire écrasée avec un pilon.

— Nos ânes ne demandent pas tant de façons.

— C'est que l'âne est plus modeste que le cheval; il mange beaucoup moins, et n'est pas exigeant sur le choix de sa nourriture. L'herbe du chemin, le feuillage des arbres, tout lui convient. L'avoine, comme les chardons, est pour lui une vraie friandise; pourtant, quand il n'en a pas, il sait s'en passer. Trop souvent, hélas! on abuse de la sobriété du pauvre animal, et on ne lui donne que de la paille.

La seule chose pour laquelle l'âne ait une délicatesse excessive, c'est sa boisson; il lui faut l'eau la plus fraîche et la plus limpide. Encore montre-t-il une sorte de défiance pour les ruisseaux auxquels il n'a pas l'habitude de boire, tandis que le cheval préfère l'eau trouble et tiède.

Tout en causant des ânes, et montés sur leur dos, nous avançons.

La route droite et large permet à notre petite caravane de prendre un pas régulier. Les ânes aiment à marcher de compagnie; ils se suivent à la queue leu-leu, non sur le milieu du chemin, ce serait contraire à tous les usages pratiqués par les ânes modestes, mais sur les côtés, dans la poussière. Seulement, autre cause de soucis, quelque cavalier au trot ou au galop vient-il à passer sur la route, l'âne qui va devant s'effraye et prend une allure irréfléchie : aussitôt

L'âne ressemble beaucoup au cheval.

les autres ânes qui le suivent veulent l'imiter, et l'escadron tout entier exécute une fantasia effrénée.

— J'aimerais beaucoup mieux être sur un cheval comme celui qui vient de passer, dit Georges.

— Je le crois sans peine, mon enfant ; et cependant, si tu étais à la place du cavalier qui le monte, je serais loin d'être aussi tranquille sur ton sort que je le suis maintenant.

— Pourtant un âne est moins docile, moins facile à manier qu'un cheval, dit Jules à son tour.

— Que certains chevaux, oui. Mais l'âne est en somme un animal tranquille ; ses obstinations, risibles parfois, ne vous mettent pas en danger comme le ferait un cheval fougueux.

— Il me semble, dit Jules, que l'âne est un cheval dégénéré. Ces animaux ne comprennent rien, tandis qu'un cheval comprend tout, va au pas, trotte ou galope comme on veut..... C'est une belle bête que le cheval, mais l'âne est laid et stupide.

— Tu te trompes, mon cher enfant, et comme cela arrive toujours, l'erreur et l'ignorance te rendent injuste. D'abord l'âne n'est point un *cheval* dégénéré ; c'est une espèce parfaitement distincte, quoique en vérité il y ait entre eux de grandes ressemblances. Tu vois, c'est la même forme générale ; les jambes sont faites de même, et les sabots aussi. Le cou, la crinière, la tête, se ressemblent encore beaucoup dans les deux espèces. Cependant le cheval est incontestablement plus beau ; et il a en outre l'avantage de la taille.

— L'âne se rattrape sur les oreilles !

— C'est vrai ! ses oreilles sont d'une longueur peu ordinaire; sa queue aussi diffère ; elle n'est pas fournie de crins abondants comme celle du cheval. Toutes ces différences prouvent ce que je disais tout à l'heure, que l'âne forme une espèce à part : une espèce à laquelle nous attacherions un grand prix si nous n'avions pas le cheval. Dans ce cas, nous ne le trouverions pas si laid. Et s'il est vrai que l'animal que vous montez, mes enfants, soit dégénéré, abâtardi, ce n'est point la faute de son espèce, c'est la nôtre.

— Comment donc?

— Quand on veut que les chevaux soient beaux, on a soin de les nourrir; on ne les fait travailler que modérément; on les étrille, on les baigne. Se donne-t-on autant de peine pour les ânes? Eh ! non, vous le savez bien; on ne s'occupe guère de ces pauvres animaux que pour les maltraiter. On les charge de fardeaux au-dessus de leurs forces; on leur impose un travail sans relâche; on lésine sur leur nourriture. Des soins de propreté? des bains? une étrille?... pour un âne !... allons donc ! des coups sans relâche ! La risée! Voilà le plus souvent comme on les traite, les pauvres bêtes !

Le soir vient, l'animal tombe de fatigue ; on l'enferme dans une écurie étroite, humide, infecte, sans air, encombrée souvent d'autres animaux ; et le lendemain recommencent le même travail exorbitant, les mêmes brutalités ; c'est révoltant! Si l'on soumettait un cheval aux mêmes traitements, savez-vous ce qui arriverait? Il tomberait bientôt malade, puis mourrait. L'âne, lui, ne meurt pas; il est plus dur au mal; il résiste mieux, mais il s'abrutit. Chargé continuellement de trop lourds fardeaux, il prend l'habitude de la lenteur; il s'alourdit et s'enlaidit: c'est de l'éducation à l'envers.

— Et tu crois, père, que si on ne les battait pas, ils iraient plus vite?

— C'est le régime tout entier qu'il faudrait changer. Si on ne les battait pas, si on ne les accablait pas, si on les ménageait; en un mot, si on les traitait avec la justice à laquelle ils ont droit, avec la bienveillance que nous leur devons pour les services qu'ils nous rendent, ils n'auraient certainement ni cette lenteur, ni cette stupidité : c'est un fait d'expérience.

L'âne n'est point par lui-même un animal laid, tant s'en faut. Un âne de bonne race, qui a reçu une éducation convenable et des soins intelligents, est au contraire un animal assez élégant, et qui a sa beauté. Il a des yeux expressifs. Il est léger, vif, et non stupide comme nos ânes avilis. J'ai vu en diverses provinces, en Poitou et en Dauphiné, des ânes élevés exprès pour servir de monture; ils sont doux, faciles à conduire, ils trottent légèrement, et d'un trot beaucoup moins fatigant pour celui qui les monte que le trot brisant du cheval; c'est une monture très agréable pour la promenade.

— Alors pourquoi donc les maltraite-t-on ainsi? On devrait penser au préjudice qu'on se cause à soi-même en dépréciant une utile bête de somme?

— Pourquoi? ah! mon cher enfant, parce que les

ignorants ont l'esprit borné, plein de préjugés, enclin à la routine ; parce qu'enfin, en leur qualité d'ignorants, ils entendent mal leurs propres intérêts. C'est pour obtenir plus de travail de leurs animaux qu'ils les surchargent d'un poids disproportionné ; et le résultat est de diminuer les forces dont ils mésusent. Mais tâche donc de persuader à des gens souvent abrutis eux-mêmes, qu'ils se trompent en agissant ainsi ? Ils te diront que cela s'est toujours fait de même ; qu'un âne ne peut être traité autrement ; qu'on ne peut le faire marcher qu'à coups de bâton. Et il est des personnes soi-disant sensées qui répètent toutes ces sottises.

Ah ! chers enfants ! la routine imbécile est bien souvent cruelle ! Gardez-vous toujours de ses conseils !

Dans les pays où ces préjugés n'ont pas cours, la race de l'animal n'a pas dégénéré. En Arabie par exemple, il y a de petits ânes vigoureux, propres, agiles et fringants : on dirait de jolis petits chevaux. Ces ânes-là sont exercés à la course, ils vont, disent les Arabes, comme le vent dans le désert. Ils marchent l'*amble* avec une telle vitesse qu'ils égalent presque en rapidité le galop des chevaux. Tel est le bénéfice d'une éducation bien entendue.

Quelques instants après nous quittions la route, à la satisfaction générale. Les grandes routes sont indispensables pour le transport des marchandises, pour les chevaux ; les voitures ; elles sont la richesse et la prospérité d'un pays. Mais quand il s'agit de promenade, c'est banal et monotone! Une sorte de grand ruban qui n'en finit plus! et les cailloux frais cassés! Et la poussière en tourbillons! Sortons de là. Prenons ce chemin de traverse, pittoresque et accidenté, serpentant à travers champs, bois et prairies.

Cavaliers et coursiers semblaient s'être enfin habitués les uns aux autres, ou du moins les uns avaient fini par se résigner à la lenteur obstinée des autres. Il ne se produisait plus de désordre; tout allait bien, et nous serions arrivés sans encombre, si un obstacle imprévu n'était venu jeter un incident burlesque à travers notre sérénité.

N'allez pas, sur ceci, vous figurer un obstacle infranchissable. Non; c'était tout simplement un mince filet d'eau qui traversait le sentier, et s'étalait sur un fond de petits cailloux, en une nappe transparente de vingt centimètres de profondeur. Pour franchir ce petit *fleuve*, deux planches appuyées sur trois grosses pierres formaient une rustique passerelle pour les piétons.

Jules avait pris les devants de quelques pas; voici son *baudet* en présence de l'obstacle. A cette vue, l'âne s'arrête; il flaire, il allonge le pied dans l'eau, puis le retire et s'éloigne. Jules veut le ramener vers le ruisseau, mais l'animal avait pris son parti : moins on a d'idées, plus on tient à celles qu'on a, bonnes ou mauvaises. Les *hue!* les *va donc!* rien n'y put faire. L'âne voulut bien boire, mais il ne voulut pas traverser.

« — Il traversera ! Il ne traversera pas ! » se mirent à crier les enfants sur tous les tons. Jules, qui riait aussi, mais dont l'amour-propre commençait à s'irriter, s'avise d'une idée assez fâcheuse : il attrape une branche de saule, et se met à en frapper son âne à tort et à travers, jusque dans ses longues et mobiles oreilles !... Ce procédé malencontreux produisit un effet... subversif ! Atteint dans la partie la plus sensible de son individu, l'âne se jette brusquement à gauche, et bien résolu à ne pas se mouiller les pieds, il prend la fragile passerelle. Mais voilà qu'en entendant le bruit de son pas retentir sur la planche, en la sentant trembler sous lui, le baudet est pris d'une telle peur, qu'il s'élance d'un bond jusqu'à l'autre bord, et prend un galop inimaginable !

Aussitôt, voyez la contagion du mauvais exemple ! l'âne de Georges en fait autant, et s'élance sur les pas de son compagnon...... Cependant comme Georges avait une bête pacifique, il l'eut bientôt mise à la raison : mais Jules, qui avait voulu l'âne le plus jeune et le plus fringant, était rudement secoué, et incapable d'arrêter sa monture affolée. Il se cramponnait à la crinière, à la selle, il faisait les plus grands efforts pour conserver son équilibre ; tandis que les pommes, les noix s'échappaient des paniers, et que nos bouteilles faisaient entendre, en se choquant l'une contre l'autre, un cliquetis des plus inquiétants.

Le pauvre Jules était vraiment à moitié mort de peur. Nous courions tous à son secours, mais impossible de le rejoindre : l'âne, en nous entendant venir derrière lui, redoublait de sauts et de vitesse !... Il n'y avait pas de danger réel, mais Jules faisai pitié !... Enfin nous parvenons à arrêter le fugitif Il était temps. Ma femme était inquiète, et les deu petites filles, voyant leur frère emporté par ce galo fantastique, s'étaient mises à pleurer ; il y avait à c moment des larmes dans leur sourire.

Dès que Jules fut revenu à lui-même, il nous cria

— Mais comment vous y êtes-vous donc pris, vou autres, pour faire franchir le ruisseau à vos ânes ?

— Rien de plus simple, mon ami. François a fai passer le premier son âne en le tirant par la bride ; tous les autres ont suivi, sauf celui de Georges qu a essayé de suivre ton exemple.

— Ma vieille Grise, à moi dit Robert, n'a pas fait les moindres façons.

Et toute frayeur étant passée, on ne fit plus que s'égayer de l'aventure, en remettant de l'ordre dans nos provisions quelque peu endommagées. Enfin nous reprenons notre marche, et nous arrivons paisiblement en face du moulin et de l'étang.

Là, le sentier rude, inégal, tortueux, descend rapidement sur une pente boisée ; les enfants voulaient mettre pied à terre.

— Faut-il descendre aussi, moi, demanda Robert ? Je crains que le pied ne manque à ma vieille Grise !

— Ne t'inquiète que de savoir si tu es toi-même capable de maintenir ton équilibre. Quant à la Grise, il n'y a nulle crainte ; l'âne est prudent, et il a le pied extrêmement sûr : avec un âne, on peut passer en toute sécurité par des chemins dangereux pour le cheval. Dans certains pays montagneux où les routes sont difficiles, en Espagne par exemple, et dans les départements qui touchent aux Pyrénées, on emploie des animaux intermédiaires entre le cheval et l'âne, qu'on nomme des mules. Ces bêtes de somme, moins grandes et moins élégantes que le cheval, mais plus que l'âne, ont le pied sûr comme l'âne, et sont, comme lui, patientes et tranquilles ; elles vont plus rapidement que l'âne, et elles sont encore plus obstinées ; d'où vient le proverbe : *entêté comme une mule.*

Après avoir descendu avec précaution le sentier rocailleux, la petite cavalcade s'avance enfin en bon ordre. En face de nous les eaux transparentes de l'étang réfléchissent le ciel bleu, les grands roseaux de l'autre rive, puis la côte boisée qui remonte de l'autre côté. A quelques pas, un petit pont de bois rustique et pittoresque est jeté sur la coulée du déversoir, d'où l'eau s'enfuit en se dérobant sous les grandes ronces pendantes et les guirlandes de houblon sauvage. Un peu plus loin nous apercevons le moulin, dont la roue tourne dans l'écume.

Mais tandis que, silencieux et presque émus, nous regardions cette vallée si tranquille, voilà que la pauvre vieille grisonne, prise à son tour d'une ardeur subite, s'échappe, traverse au grand trot le pont de bois, et se dirige vers le moulin, en témoignant une vive joie par des bonds et des entre-chats tout à fait en dehors de ses habitudes.

— A son tour celle-là ! crient les enfants. Veux-tu t'arrêter la Grise !

Mais la Grise courant toujours arrive dans la cour du moulin.

La meunière était sur le seuil de sa demeure.

— Te voilà donc, ma pauvre grisonne ! s'écria-t-elle. Puis apercevant la bande joyeuse qui suivait :

— Tiens, monsieur ! Tiens, madame ! Et les enfants aussi ! C'est bien de l'honneur et du plaisir que vous nous faites en venant nous voir.

Et la brave femme allait de l'un à l'autre avec un empressement cordial.

— Mais quel tour inattendu vient de me jouer cette bête-là, interrompit Robert : est-ce que vous la connaissez, dame Marthe ?

— Si je la connais, Seigneur ! Qui connaîtrais-je donc ? Pendant six ans elle est venue porter du blé au moulin toutes les semaines. Elle a donné son lait à ma pauvre fille, dont Dieu a l'âme !... Et moi je lui donnais du pain et de l'orge. Elle appartenait aux Martin ; mais ils l'ont vendue, et nous ne la revoyions plus. Comme elle a bonne mémoire, cette pauvre bête ! En a-t-elle vu de rudes dans sa vie celle-là. Et tout en disant cela d'un ton de commisération, la bonne meunière aidait les garçons à mettre pied à terre ; tandis que ma femme descendait les deux fillettes joyeuses et animées, mais toutes chancelantes sur leurs petites jambes engourdies.

— Je m'étonne, dit Jules, que l'âne aime tant le moulin qui doit lui rappeler de si lourds fardeaux.

— Ah ! mon ami, répondit le père, c'est qu'on aime à se souvenir aussi des peines passées. Ce n'est pas d'hier que l'âne et le moulin se connaissent ! Le sort du pauvre animal y était même plus dur encore autrefois qu'aujourd'hui. Venez voir, ici près, en tournant l'angle du bâtiment du côté de la *vanne;* regardez cette grande roue garnie de petites planches transversales appelées *palettes*, que la chute de l'eau fait tourner? La rotation de cette roue a une force énorme; elle fait mouvoir tout le mécanisme intérieur du moulin, lequel aboutit aux deux grosses meules de pierre qui écrasent le grain et le réduisent en mouture.

C'est une belle invention, n'est-ce pas? Vous la trouvez toute simple parce que vous êtes habitué à voir les choses fonctionner ainsi. Pourtant il n'a fallu rien moins que du génie à celui qui, il y a une dizaine de siècles, a imaginé cette roue et tout cet ensemble de moyens. Eh bien, savez-vous qui faisait tourner la lourde meule avant cette invention? C'étaient ordinairement des ânes, attelés à un long et pesant levier, qu'ils faisaient mouvoir en tournant toute la journée dans le même cercle. On appelle cela aujourd'hui un *manége*. Le travail du manége est rude, et surtout abrutissant, même pour une bête. En inventant le moulin à eau, le génie de l'homme a racheté de ce pénible labeur son pauvre serviteur l'âne.

C'est l'effet des machines, et leur but dans la pensée de Dieu auteur de toute science, que de décharger l'être vivant, quelle que soit son espèce, de toutes les fatigues inutiles. L'homme y trouve son compte, comme en ceci l'âne a trouvé le sien.

— Mais mon père, reprit Jules, ne m'as-tu pas

dit cent fois que le travail est salutaire à l'homme physiquement et moralement ?

— Oui, le travail intelligent et modéré est plus salutaire à l'homme que le bien-être et la richesse même, quoiqu'il ne tende, en apparence, qu'à les lui procurer; mais il y a un travail excessif comme il y en a un machinal, où l'intelligence n'a rien à faire, et qui, pour cette raison, est abrutissant. Et ce ne sont pas seulement les bêtes de somme qui ont à supporter ce travail mal entendu : un grand nombre d'hommes sont encore aujourd'hui contraints, par la nécessité de gagner leur vie, à faire un travail pénible, monotone, continu, qui exténue leur corps, et laisse leur intelligence s'éteindre.

Mais à mesure que la science *fait des progrès*, c'est-à-dire à mesure que nous connaissons mieux les lois de la nature, que nous savons mieux imiter ses procédés, et surtout tirer parti de ses forces, nous déchargeons l'homme ou l'animal d'une partie de ce travail d'esclave. Nous imitons l'inventeur de la roue de moulin qui fait faire par l'eau du ruisseau le travail que faisait l'âne. Vous voyez, mes chers fils, à quel point le bonheur de l'homme, son bien-être, et celui de tous les animaux qui lui prodiguent leurs forces, dépendent des lumières de la science, du développement de l'instruction et des bons sentiments !

— Père ! Jules ! Robert ! Venez ! on vous attend, cria Georges, en arrivant près d'eux tout essoufflé. Nous sommes là-bas, sous les grands arbres, nous allons déjeuner... Marthe a apporté du lait et de la crème, le couvert est mis sur l'herbe ! Mère m'envoie vous chercher.

— Cours en avant, jeune messager de bonnes nouvelles, et dis que nous arrivons !

Adieu donc, jeunes lecteurs qui nous avez suivis dans notre joyeuse promenade... Je voudrais vous inviter à prendre part à notre modeste déjeuner; mais vous seriez sans doute fort en peine pour vous rendre à mon invitation... D'ailleurs, je dois employer le reste de la journée à visiter la digue; il me serait impossible de vous tenir compagnie. Pour le retour, j'espère qu'il s'effectuera sans accidents; nous aurons soin de tenir nos montures par la bride au passage du ruisseau, nous veillerons au *défilé des chardons;* nous irons même plus vite que ce matin, car les ânes, comme les chevaux et beaucoup d'autres espèces d'animaux domestiques, ont l'instinct de comprendre, même de très-loin, qu'ils se rapprochent de leur demeure. Alors, quoique fatigués ils pressent leur marche; ils savent qu'à l'écurie ou à l'étable, le repas et le repos les attendent. Et puis, qui sait? peut-être les animaux ont-ils, eux aussi, et à leur manière d'animaux, une sorte d'attachement pour les lieux où ils ont longtemps vécu?... Tout cela leur fait hâter le pas au retour. Soyez-en sûrs, mes jeunes amis, les animaux ont plus de sensibilité qu'on ne pense.

Au revoir, chers enfants, et à bientôt !

Questionnaire

De quel animal l'âne se rapproche-t-il par la forme et la manière de vivre?
Est-il plus ou moins gros que le cheval?
Quels sont, en dehors de la taille, les traits qui le distinguent le plus du cheval?
Ne diffère-t-il pas autant du cheval par la voix que par la queue et les oreilles?
Quelle est la nourriture habituelle de l'âne?
Sur quelle partie de la nourriture se montre-t-il exigeant?
Quel est le caractère de l'âne?
Quelles sont ses qualités habituelles?
Quels sont aussi ses défauts?
L'âne est-il apprécié à sa juste valeur?
L'âne est-il traité avec la justice à laquelle il a droit?
Ses défauts ne sont-ils pas pour la plupart du temps le fruit de l'abrutissement et de la mauvaise éducation?
Ferre-t-on les ânes comme les chevaux et pour les mêmes raisons?
Comment appelle-t-on la femelle de l'âne?
Et son petit?
Quel usage fait-on quelquefois du lait d'ânesse?
Quelle est la plante que l'âne préfère à tout?
Qu'est-ce que les ânes vont faire dans les moulins?
Leur emploi dans les moulins n'était-il pas plus pénible autrefois qu'aujourd'hui?
Comment s'appelle le levier qu'ils faisaient autrefois tourner pour mettre en mouvement la meule du moulin?
Se sert-on encore de la machine appelée manège?
Pour quels autres usages s'en sert-on?

LE RHINOCÉROS

(UNE BRUTE ANTÉDILUVIENNE)

Ah! mère, disait Louisette, jolie petite fille de dix ans environ, nous revenons de chez M. Frick le naturaliste. Nous y étions allés pour voir ses jolis oiseaux empaillés; mais..... c'est nous qui avons eu peur!

— Peur des oiseaux empaillés?

— Oh! non, pas de cela.

— Qu'y avait-il donc de si terrible chez ce bon M. Frick? Était-ce un lion tout vivant? Un serpent boa? Un crocodile amateur de chair fraîche?...

— Ne raille pas mère, tu vas voir! M. Frick nous dit d'aller voir dans son cabinet un oiseau de paradis superbe. Pour aller dans ce cabinet il fallait passer par une grande chambre. Tout à coup, en ouvrant la porte, c'était moi qui allais devant, nous avons vu un affreux squelette de bête... immense! qui avait l'air de nous regarder en grinçant des dents!.. J'ai eu si grand'peur que je me suis sauvée, et Marie aussi!

— Ainsi vous n'avez pas vu l'oiseau de paradis?

— Non. Alors, M. Frick est venu, il s'est mis à

rire de tout son cœur, et à caresser le gros squelette avec la main.

— Et le squelette ne l'a pas dévoré ?

— Non, répondit la petite fille d'un air un peu confus.

— Et François, que faisait-il dans ce grand danger ?

— François ? il a passé, lui ; il est si brave !

— Tu trouves qu'il fallait être brave pour passer dans cette chambre ?

— Mais dame !... oui.

— Le squelette n'oserait pas courir après François pour le mordre, n'est-ce pas ?

— Je sais bien que ça ne bouge pas ; que ça ne mord pas ; que ce n'est pas vivant.

— Alors, dis-moi, je te prie, pourquoi tu as eu peur ?

— Pourquoi ? mais justement parce que c'est mort !... Si j'avais vu l'animal vivant, peut-être bien que je n'aurais pas eu peur.

— Ah ! j'entends, je comprends : si c'eût été un tigre ou un lion pouvant te croquer d'une bouchée, tu n'aurais pas eu peur du tout, au contraire ! Mais un squelette, une bête dont il ne reste que les os.... qui ne bouge pas, qui ne mord pas, c'est bien différent ! Il y a là de quoi faire frissonner depuis les pieds jusqu'à la tête ! Heu ! heu ! que j'ai donc peur rien que d'y penser ?

— Ah ! mère, tu railles encore ; eh bien, adieu, je m'en vais !

— Non Louisette, reste ; ou plutôt, va chercher

Marie et François ; revenez tous trois, et je vais vous expliquer des choses qui vous rendront tous braves comme des grenadiers !

Un instant après la petite poltronne accourait, entraînant François et Marie, un de chaque main.

— Eh bien, François, dit la mère, qu'as-tu donc vu chez M. Frick ?

— Ah ! maman, de bien belles choses ! des oiseaux de toutes couleurs, des perroquets bleus, rouges, verts ; des oiseaux-mouches pas plus gros qu'un hanneton, et brillants comme des rubis. Les uns apportent dans leur bec de légers brins de mousse pour construire leurs nids ; d'autres semblent voltiger ; d'autres picotent des fruits. Sur une branche, il y a un nid, avec trois petits oiseaux qui n'ont presque pas de plumes ; et un serpent enroulé autour de la branche, qui semble vouloir les dévorer. Le père et la mère se dressent pour défendre leurs petits ; ils ont l'air si fort en colère, avec leurs plumes hérissées, leurs ongles crispés, leur bec ouvert ; il ne leur manque que la vie !

— Oui, mère, ajouta Marie, nous avons vu tout cela.

— Avez-vous vu aussi l'oiseau de paradis ? C'est le plus beau de tous.

— Non ! non ! Tant pis pour l'oiseau de paradis ! Je n'ai pas voulu passer devant la grande bête.

— Et Marie ?

— Ni moi non plus !

— Pourquoi ? puisque votre frère a bien passé.

— Lui, c'est un garçon : les garçons ne doivent pas avoir peur ; mais les petites filles !...

— Doivent être poltronnes, n'est-ce pas ? c'est plus gentil.

— C'est-à-dire que c'est tout à fait ridicule, s'écria François ; c'est même *bête*, aussi bête pour une fille que pour un garçon, d'avoir peur de ce qui ne peut pas faire de mal !

— Ah ! mère, entends-tu les sottises qu'il nous dit ?

— Oui, bête, je le dis, je le répète, et je ne me marierai jamais avec des femmes comme ça !

— Mes chers enfants, les mots de François sont un peu vifs, mais son jugement est parfaitement juste.

— Un squelette n'est pas effrayant du tout, reprit le jeune garçon ; mais ajouta-t-il, c'est laid !... Oh dame, il faut en convenir !

— Un squelette est beau pour la pensée, mon fils, répondit la mère, et s'il n'est pas beau pour les yeux, c'est que Dieu ne l'a pas fait pour être vu. Vous savez tous les trois, je présume, quelle est la fonction des os dans l'animal ?

— De soutenir les chairs, sans doute ?

— Oui, c'est comme la charpente du corps ; et la charpente est destinée à demeurer cachée sous l'enveloppe qui la recouvre. Dès lors, il eût été inutile de la parer de beautés extérieures, n'est-ce pas ? Tu as vu bien des fois construire une maison : avant qu'elle soit achevée les murs sont nus ; on voit les poutres qui doivent supporter les planchers. On voit les chevrons et la charpente de la toiture, qui se compose de pièces de bois simplement dégrossies et enchevêtrées solidement. Est-ce beau, cela ? Je ne dis pas que ce soit laid, remarquez bien ; mais ce n'est pas beau comme la maison achevée. Pourquoi les architectes ne font-ils pas toutes ces charpentes en beau bois d'ébène ou d'acajou, sculpté, verni ?

— Parce que tout cela doit être caché.

— Justement. La nature fait de même : vois ces oiseaux étrangers, si beaux, si radieux, que paraîtraient-ils si on leur ôtait seulement les plumes ? Le squelette de l'animal, c'est-à-dire l'ensemble de sa charpente, quoique dépourvu des beautés extérieures, est une chose admirable, mes enfants ! C'est un chef-d'œuvre de science, de force, de délicatesse et d'économie. Son mécanisme est merveilleusement combiné pour se prêter à tous les mouvements du corps ; et la manière dont ces os sont attachés, *articulés* les uns avec les autres, est encore une œuvre étonnante de perfection. Je le répète, c'est admirablement beau, non pour les yeux, mais pour l'intelligence ; et plus on est savant, plus on apprend à admirer cette beauté-là, et plus on est tenté de tomber à genoux devant le divin Auteur de tant de merveilles !

— C'est donc pour cela que M. Frick tient tant à son squelette, et même qu'il a l'air d'avoir de l'amitié pour lui ?

— Il y tient, mes enfants, pour trois raisons : d'abord parce qu'il lui en a coûté beaucoup d'argent et de démarches pour se procurer la collection complète des os ; ensuite parce qu'il lui en a coûté beaucoup de travail et de soins pour l'assembler tel que vous l'avez vu ; enfin parce qu'il en existe peu d'aussi parfaits.

— Pourquoi y en a-t-il peu, maman ?

— Je vais vous le faire comprendre. Écoutez-moi bien ; j'ai besoin de toute votre attention.

Il existait autrefois sur la terre, dans notre pays même, beaucoup d'animaux qui n'y sont plus. Il y avait, entre autres, des espèces de crocodiles gigantesques ; puis de grands animaux ressemblant à des éléphants, mais plus gros encore. Il y eut aussi des lions, des tigres, des hyènes, des *rhinocéros* et bien d'autres espèces !... De tous ces animaux, les uns ont déserté nos contrées et sont allés vivre sous les climats où on les trouve encore ; d'autres ont entièrement péri, et il n'en existe plus non-seulement en Europe, mais nulle part.

— Alors, comment sait-on qu'ils ont existé ?

— C'est très simple : ces animaux étant morts, leurs ossements se sont trouvés enfouis dans la terre ; en creusant la terre on les retrouve.

— Je comprends. Mais pourquoi tous ces animaux ont-ils disparu ?

— Je vais vous l'expliquer. Vous savez, par exemple, que les éléphants ne peuvent vivre que dans les climats chauds : il y en a en Afrique ; mais il n'y en a pas en Sibérie. Pourquoi ?

— Sans doute parce que la Sibérie est trop froide.

— Bien. Il n'y en a pas en France non plus : pourquoi encore ?

— Probablement pour la même cause.

— Mais si, par un bouleversement subit des choses actuelles, l'Afrique allait devenir aussi froide que la Sibérie, ou même aussi tempérée que la France, qu'arriverait-il aux éléphants, qui ont absolument besoin d'un climat chaud pour vivre ?

— Ils mourraient, ou ils s'en iraient.

— Sans doute ; et alors les habitants de l'Afrique ne verraient plus d'éléphants dans leurs forêts. Seulement, des siècles plus tard, soit en creusant le sable du désert, soit en explorant certaines cavernes des montagnes, ils pourraient rencontrer un beau jour des ossements de ces animaux, parfois même des squelettes tout entiers.

— Comment feraient-ils pour savoir que ce sont des squelettes d'éléphants, puisqu'ils ne connaîtraient plus ces animaux ?

— Fort bien, mon cher enfant ; ta question est judicieuse et prouve que tu comprends. Voici la réponse ; elle est tout aussi simple que le reste :

Nous avons supposé que l'Afrique est tout à coup devenue froide, et que les éléphants y ont tous péri ; mais ceux qui habitent l'Inde existent toujours. Ils n'ont pas péri, eux, parce que l'Inde ne s'est pas refroidie. Eh bien, en comparant les squelettes que nous avons supposé découvrir dans le sein de la terre en Afrique, avec les squelettes des éléphants qui vivent et meurent journellement dans l'Inde, les savants seraient amenés à dire : « Puisque ceux-ci sont tout à fait semblables à ceux-là, ils appartiennent à des animaux de la même espèce. Donc il y avait autrefois des éléphants en Afrique, puisque ce sont bien des squelettes d'éléphants qu'on y trouve. » Puis ils ajouteraient : « S'il n'y en a plus dans cette contrée-là, c'est que leur race y a péri par le froid, et puisqu'il y en avait autrefois, c'est que ce pays était alors assez chaud pour que les éléphants y pussent vivre. » Comprends-tu ce raisonnement?

— Oui ; mais ce n'est qu'une supposition, l'Afrique ne s'est pas refroidie.

— Non certes ; aussi a-t-elle toujours des éléphants. Mais quand on trouve en Europe, ensevelis dans le sol, je ne dis pas un ou deux squelettes d'éléphants qui auraient pu y être apportés par hasard, mais une quantité considérable d'ossements d'éléphants, que peut-on en conclure?

— Qu'il y avait autrefois des éléphants en Europe.

— Très juste. Et si tu y trouvais des squelettes de crocodiles?

— Je dirais qu'il y avait aussi des crocodiles.

— Et si tu y trouvais des squelettes ne ressemblant à celui d'aucun animal vivant aujourd'hui, qu'en conclurais-tu?

— J'en conclurais qu'il existait autrefois des races d'animaux qui n'existent plus aujourd'hui, et qu'ils ont péri, parce qu'il a cessé de faire assez chaud.....

— Ah! attention! Ces races d'animaux ont péri pour cette raison ou pour une autre. Leur disparition peut n'avoir pas eu toujours la même cause. Mais enfin, tu penserais qu'il ont péri *parce que les circonstances dans lesquelles il leur était possible de vivre ont changé*. Par exemple, il y a derrière notre maison une mare, et dans cette mare des grenouilles ; si je creuse à quelque distance un canal qui dessèche la mare, qu'arrivera-t-il ?

— Les grenouilles périront.

— Évidemment, puisque les circonstances qui leur permettaient de vivre ont changé. Il faut de l'eau aux grenouilles ; l'eau a disparu : adieu les grenouilles ! Elles sont mortes ou s'en sont allées ailleurs.

La plus grande partie de nos continents étaient autrefois des marécages immenses. Quand ils se sont desséchés, que sont devenus les animaux dont nous trouvons maintenant les squelettes, ces grands animaux à peu près semblables aux crocodiles, et qui, comme nos grenouilles, avaient besoin d'eau pour vivre ? Ils ont péri ; c'était inévitable.

Maintenant retournons au terrible squelette de M. Frick. Celui-là a été trouvé dans une *caverne* du midi de la France.

M. Frick et d'autres savants ont examiné les os, qui étaient séparés les uns des autres. Ils les ont remis patiemment chacun à sa place. Quand ce long travail a été fait, ils ont examiné soigneusement le squelette, puis ils ont dit : « Ceci appartenait à un *rhinocéros*. »

Et ils ont ajouté : « Donc il y avait autrefois des rhinocéros dans notre pays. Et puisqu'il n'y en a plus, il faut que les circonstances qui leur permettaient d'y vivre aient changé. Mais en Afrique, où ces circonstances ne semblent pas avoir changé, il doit y avoir encore des rhinocéros. Et en effet, il y en a.

— Dis donc, maman, il faut être joliment savant pour connaître tout cela ?

— Savant et surtout judicieux, mes enfants ; car la science sans le jugement prendrait souvent la vérité à l'envers, c'est-à-dire que de faits exacts elle tirerait des conséquences fausses : cela s'est vu trop souvent. Le jugement est si précieux dans la science que, lorsque les savants, comme Georges Cuvier, rencontrent non pas un squelette complet, mais seulement quelques os d'un animal qui n'existe plus nulle part, cela leur suffit pour dire exactement quelle était la forme et les mœurs de cet animal, dans un temps où personne n'était là pour les observer et en faire la description. N'est-ce pas vraiment merveilleux, et le jugement, dans ce cas, ne s'élève-t-il pas jusqu'au génie?

— Comment est-ce donc fait, mère, un rhinocéros? demanda Marie.

— Le rhinocéros, mes enfants, est un très grand et très gros animal qui habite l'Inde et l'Afrique. Cette bête énorme est toute couverte d'une peau sans poil, extraordinairement rude et épaisse. Sa peau est si dure que, pour pouvoir se prêter aux mouvements de l'animal, elle a de grands replis aux parties du corps qui se déploient : aux cuisses, aux épaules. On dirait d'épaisses draperies pendantes jetées symétriquement sur l'animal. Le rhinocéros a de grosses jambes courtes, et ses pieds, qui ne sont cependant pas fendus, sont terminés par trois doigts enveloppés de sabots de corne, semblables

Rhinocéros d'Asie.

chacun au sabot unique du cheval. Sa tête est allongée, et il la porte à peu près horizontalement. Ses deux oreilles, assez semblables à des oreilles de cheval, mais beaucoup plus larges, sont plantées presque sur son front.

Toi, François, qui as regardé attentivement le squelette du rhinocéros, tu sais déjà à peu près quelle est la taille de cet animal, et quelles sont ses proportions. Tu as remarqué sans doute que les os sont courts et épais par rapport à leur longueur, ce qui indique que l'animal est gros et lourd; car un animal léger, un chevreuil par exemple, a les os allongés et minces. Le rhinocéros est moins gros que l'éléphant; mais ces deux animaux sont, avec l'hippopotame, les plus gros des animaux terrestres. Ce que celui-ci a de plus extraordinaire, c'est une corne plantée sur le nez, d'où lui vient ce nom de *Rhinocéros*, formé de deux mots grecs qui signifient *nez* et *corne*.

— Une corne sur le nez? s'écrièrent les enfants. Ainsi placée à quoi peut-elle lui servir?

— Elle lui sert à se défendre. Cette corne, qui atteint parfois jusqu'à un mètre de longueur, est extrêmement forte, dure et aiguë. C'est une arme terrible dont le rhinocéros se sert contre les lions et les tigres qui l'attaquent quelquefois, et même contre l'éléphant avec lequel il vit en ennemi. Cet animal est très sauvage, féroce même. Il est presque impossible de l'apprivoiser, tant il est brutal et peu intelligent.

On dirait que chez lui la force matérielle a absorbé toute intelligence et tout jugement. Quand il est irrité, il pousse droit devant lui, arrachant avec sa corne les jeunes arbres, lançant les pierres, la terre, et tout ce qui lui fait obstacle. Pourtant, avec de la douceur on parvient à la longue à tempérer un peu sa grossièreté naturelle, ce qui prouve que la bonté est plus forte que la force elle-même.

Le régime du rhinocéros, la forme de son pied, et plusieurs raisons encore, l'ont fait classer par les savants dans le groupe des *jumentés*, bien qu'il n'en ait nullement les mœurs.

— Alors ce n'est pas un animal carnivore ?

— Non mes enfants ; le rhinocéros ne se nourrit absolument que de végétaux. Il se plaît dans les lieux humides, au bord des marécages. Les chardons, les cannes à sucre, les jeunes pousses des arbrisseaux, sont la nourriture qu'il préfère. Il broute aussi l'herbe et les joncs. Pour atteindre les plantes dont il se nourrit, il se sert de sa lèvre supérieure qui est longue et mobile. Cet animal fait une énorme consommation de végétaux ; il dévaste les plantations de riz et de cannes à sucre ; aussi cherche-t-on à le détruire, ce qui n'est pas facile, car sa peau épaisse et résistante le protége contre les coups de fusil. D'ailleurs cette chasse est fort dangereuse. Les chasseurs attaquent l'animal de côté, parce que ses yeux sont placés de telle manière qu'il ne voit bien que devant lui. Le rhinocéros court très vite malgré sa lourde masse ; et il ne ferait pas bon être atteint par lui, on serait infailliblement *embroché d'un coup de sa corne*.

Les rhinocéros de l'Inde n'ont qu'une seule corne sur le nez ; mais ceux d'Afrique en ont deux, plantées l'une devant l'autre, et non pas une de chaque côté comme les autres animaux.

— Pourquoi donc le squelette de M. Frick n'a-t-il pas de corne? demanda François.

Tête de rhinocéros d'Afrique.

— C'est que cette corne n'est pas un os; elle ne tient pas au squelette. Elle tient seulement à la peau, et tombe avec elle.

— Elle est donc comme les aiguillons des rosiers ? demanda Marie.

— Absolument ! répondit la mère, à la comparaison près.

Les rhinocéros, autrefois très communs, deviennent de plus en plus rares, et dans un temps facile à prévoir la race entière aura péri, quand même il n'y aurait rien de changé dans le climat des contrées qu'ils habitent.

— Pourquoi cela, mère ?

— Parce que les hommes achèveront de les détruire. Je vous ai déjà dit que les animaux féroces disparaissent d'un pays à mesure que les habitants deviennent plus nombreux et plus civilisés. L'homme se sert de sa supériorité sur les animaux, soit pour *domestiquer*, c'est-à-dire protéger et multiplier ceux qui peuvent s'apprivoiser, devenir ses compagnons et ses serviteurs ; soit pour faire disparaître les animaux irrémédiablement nuisibles et dangereux, comme ces animaux de formes étranges qui habitaient la terre avant nous, et qui nous l'auraient rendue inhabitable par leur férocité.

Il semble, mes enfants, que Dieu ait dit à l'homme : « TRAVAILLE ! Étends ton domaine sur » tous les animaux du globe ; sois doux, patient » et secourable pour ceux qui sont serviables ; » combats ceux qui menacent ta sécurité. La terre » est ton palais, règnes-y par l'intelligence.... »

Et sans doute Dieu ajouta encore quelque chose...

— Quoi donc, mère, quoi donc ? demandèrent

tous les enfants. Dis-nous ce que Dieu ajouta ?...

— Eh bien, reprit la mère, Dieu dit encore à l'homme, non en paroles pouvant être entendues par l'oreille, mais tout au fond de sa conscience : « RÈGNE SUR LA TERRE PAR LA JUSTICE ET LA BONTÉ ! »

Questionnaire

Dans quel pays se trouve le rhinocéros?
Que signifie ce nom de *Rhino-céros?*
Les rhinocéros ont-ils en effet une ou plusieurs cornes sur le nez?
Comment ces cornes sont-elles placées?
Le rhinocéros est-il un animal carnivore ou herbivore?
Est-il plus grand ou plus petit que le cheval?
Est-il énorme, lourd, épais, brutal?
Faites la description de sa peau ?
De ses oreilles?
De son pied ?
Quels sont les plus redoutables ennemis du rhinocéros ?
Quelle est la nourriture habituelle du rhinocéros ?
Y a-t-il eu des rhinocéros en Europe?
Quelles preuves en a-t-on ?
Que prouvent les grands amas d'ossements de ces animaux que l'on découvre dans les cavernes du nord de l'Europe et même de la France ?
A quelles causes croit-on pouvoir attribuer leur disparition totale de nos contrées ?
Existe-t-il encore aujourd'hui un grand nombre de rhinocéros ?
Ne deviennent-ils pas de plus en plus rares ?
Que faut-il en conclure?
A quel ordre d'animaux appartient le rhinocéros ?

L'ÉLÉPHANT

(UN SERVITEUR SUSCEPTIBLE

Qu'y a-t-il de plus intéressant que l'*histoire?* rien ; à moins que ce ne soit la *géographie:* l'histoire, le récit des temps passés, les usages, les mœurs des hommes qui ont vécu avant nous. La géographie, ou la description des continents que ces hommes ont habités ; des mers où ils ont navigué ; des grandes montagnes couvertes de neige ; des déserts brûlants ; des grands fleuves..... N'est-ce pas, mes enfants, que c'est beau tout cela ?

Un jeune professeur et son élève étaient assis dans le salon près de la porte du jardin ; les jalousies baissées les abritaient des rayons du soleil. Le maître avait son grand atlas ouvert sur une table, et Frédéric, son élève, assis auprès de lui, écoutait ses récits en cherchant sur la carte les pays, les villes, dont le jeune professeur lui parlait. Ils appelaient cela leur *leçon d'histoire*, mais Frédéric prétendait que c'était plutôt un jeu qu'une leçon, attendu, disait-il, que c'était fort intéressant. Je vous laisse à juger s'il avait tort ou raison ; c'était peut-être à la fois l'un et l'autre.

Ce jour-là, le maître lui expliquait ce que c'était qu'Alexandre, un conquérant fameux dans l'histoire pour avoir fait tuer beaucoup d'hommes! et étendu la désolation et la ruine sur de vastes pays! Le maître racontait comment à cette époque on dressait, pour faire la guerre, des éléphants qui portaient sur leur dos une sorte de tour en bois, dans laquelle étaient des soldats. Il en était justement là de son récit, lorsque deux des petits amis de Frédéric entrèrent dans le salon en soulevant la jalousie.

— Veux-tu venir au jardin avec nous? lui dirent-ils en entrant ; voulez-vous le lui permettre, monsieur?

— Tu peux aller, mon enfant, dit le jeune maître, nous finirons là notre leçon aujourd'hui.

— Tout à l'heure! dit Frédéric à ses amis, je veux encore savoir comment on peut apprivoiser les éléphants; attendez-moi un instant, vous autres.

Les deux nouveau-venus parurent surpris de ce goût de Frédéric pour l'étude. Et pendant que le maître reprenait son récit, ils s'en allèrent près d'une console admirer un jeu d'échecs composé de petites figurines en ivoire, les unes blanches, les autres rouges, délicatement sculptées.

— En quoi est-ce donc fait, demandait Raoul à voix basse.

— Tu ne le sais pas? répondait Gustave, c'est en ivoire.

— Et les rouges?

— Ah! pour les rouges je ne sais pas.

— Qu'est-ce que c'est que ça, l'ivoire?

— L'ivoire?... C'est de l'ivoire donc!

— Vous voilà bien renseigné, dit en riant le maître qui avait entendu. Apportez-moi le jeu d'échecs, mes enfants; là, bien délicatement. Je vais vous expliquer ce que vous désirez savoir; cela fait encore partie de notre leçon.

Les enfants apportèrent le jeu d'échecs, le posèrent sur la table, et le maître continua :

— Regardez ces jolies figurines : sont-elles finement ciselées! Que de patience et d'adresse il a fallu pour faire ce travail. Ce sont des Chinois qui ont fait cela.

— Des Chinois? interrompit Raoul surpris. Ce ne sont donc pas des sauvages les Chinois?

— Non certes, répondit Frédéric, crois-tu que des sauvages sauraient fabriquer tous ces beaux meubles, toutes ces porcelaines qui nous viennent de la Chine?

— Est-ce qu'on ne peut pas faire en France d'aussi jolies choses?

— Oui très certainement, répondit le maître. Il y a dans notre pays des sculpteurs qui font des choses bien plus jolies encore, et surtout plus naturelles; seulement ils sont obligés de faire venir l'ivoire de la Chine ou de l'Inde, parce qu'il n'y en a pas chez nous.

— Mais enfin qu'est-ce donc que l'ivoire? demanda Gustave. Cela vient-il d'un arbre?

— Non mes enfants, l'*ivoire* est la matière dont sont composées certaines dents d'animaux, et surtout les deux plus grandes dents des éléphants.

— Ah! oui! s'écria Frédéric; ces deux grandes

dents qui sortent de leur bouche, une de chaque côté de la trompe?

— Précisément. Eh bien ! quand l'animal meurt, et même pendant qu'il vit, on s'empare de ces dents. Il y en a qui ont jusqu'à un mètre de longueur. On les appelle des *défenses*, comme celles des sangliers. C'est l'*ivoire* brut : elles ont une grande valeur dans le commerce.

— Sont-elles creuses?

— Non; elles sont pleines dans toute leur longueur, excepté à la base tout près de la mâchoire. Quand on en veut façonner des objets, on découpe des morceaux avec une scie, puis on les travaille au tour, ou au ciseau, ensuite on les polit. C'est ainsi qu'on fait les touches blanches des pianos et des orgues, les manches d'ombrelles, de couteaux, les branches d'éventails, les jeux d'échecs, et foule d'autres objets.

— Et les figurines rouges, avec quoi sont-elles faites ? Y a-t-il de l'ivoire rouge ?

— Non ; l'ivoire est naturellement blanc, un peu verdâtre; moins il est jaune plus il a de valeur. Quand on veut l'avoir rouge ou bleu ou vert, on le teint comme toute autre substance. — Et maintenant que vous savez ce que c'est que l'ivoire, reprenons notre conversation où nous l'avons laissée.

— Nous voudrions bien l'entendre aussi, Monsieur; voulez-vous? demandèrent les deux camarades.

— Certainement, mes amis, répondit le maître; asseyez-vous. Quand vous êtes arrivés nous parlions des mœurs des éléphants, et de la manière de les apprivoiser. Mais d'abord, connaissez-vous cet animal ?

— Oui, oui ! j'ai vu un éléphant vivant... l'année dernière à la foire !

— Je l'ai vu aussi, moi ! Il faisait toute sorte de tours ; il dansait au son de la musique !

— Eh bien ! voyons si vous l'avez bien examiné. Faites-moi la description de cet animal.

— Il avait de tout petits yeux...

— De grandes oreilles !...

— Une grande queue !...

— Non, sa queue est au contraire toute petite.

— La ! la ! la ! comme nous y allons ! interrompit le professeur. Mettons un peu d'ordre dans tout cela s'il vous plaît. Quand on veut faire une bonne description d'un animal ou d'une chose, il faut d'abord indiquer ce qu'on appelle les *grands traits*, c'est-à-dire ce qu'il y a de plus caractéristique, ce qui frappe le plus l'attention. Quand vous avez vu cet éléphant, qu'est-ce qui vous a le plus frappés au premier coup d'œil ? N'est-ce pas sa grande taille, sa masse énorme ? Eh bien ! puisque c'est la première chose qu'on remarque en *regardant*, c'est donc aussi la première chose qu'on doit indiquer en *décrivant*. L'éléphant est le plus gros des animaux *terrestres*, c'est-à-dire des animaux qui *vivent sur la terre ;* car parmi les animaux *marins* il y a la baleine, dont le volume est plus considérable encore.

Quelle hauteur avait l'éléphant que vous avez vu, Raoul ?

— Il avait trois mètres de haut, disait son conducteur.

— Eh! c'est déjà quelque chose, trois mètres de hauteur, et gros à proportion! Pourtant il y en a de bien plus grands encore; il y en a qui ont quatre mètres et plus! C'est énorme, n'est-ce pas? Voyons maintenant la forme du corps et des membres:

L'éléphant a le corps épais, le ventre arrondi; les jambes massives comme des piliers: il faut bien en effet de grosses colonnes pour supporter un corps si lourd. Et ses pieds? Avez-vous remarqué, Gustave, combien il a d'ongles à chaque pied?

— Non, je n'ai pas vu cela.

— Il faut tout voir: la forme des pieds d'un animal est toujours très importante! L'éléphant a cinq doigts, mais ils sont renfermés dans sa peau, on n'en voit à l'extérieur que les ongles épais et arrondis. La peau de l'éléphant est extrêmement rude, épaisse sur tout le corps; ridée, et d'un gris foncé. Sous les pieds elle est plus épaisse encore: c'est comme une *semelle* qui se refait à mesure qu'elle s'use.

A votre tour parlez-moi de la tête.

— La tête? dit Gustave, elle est énorme: elle a deux grandes oreilles qui s'étalent, mais si larges, si aplaties de chaque côté, qu'on dirait deux immenses feuilles de chou. Il les agite de temps en temps comme deux éventails. Puis il a deux petits yeux très vifs, très doux, et une grande *trompe!*...

— Ah oui, dirent les deux autres enfants: c'est comme un nez gigantesque qui s'allonge... qui s'allonge!...

— La trompe de l'éléphant, dit le maître, est en effet un nez prolongé et mobile, par lequel l'animal

Tête d'éléphant d'Asie.

respire et flaire. C'est l'instrument le plus étrange qu'on puisse imaginer. Il s'en sert pour porter sa nourriture à sa bouche, pour boire, pour prendre et mouvoir des fardeaux. Ordinairement les animaux les plus adroits saisissent les objets avec leurs pattes de devant, mais les quatre gros piliers courts et épais qui forment les jambes de l'éléphant ne sont pas propres à saisir. Ils ne peuvent que porter la masse de son corps ; rien de plus. D'un autre côté son cou est trop court pour lui permettre de baisser la tête jusqu'à terre. Avec quoi saisira-t-il donc ses aliments? Avec sa trompe. Il la fait mouvoir à droite, à gauche, en avant, en arrière, au-dessus de sa tête. Il l'enroule autour de ce qu'il veut saisir, et elle est d'une telle force qu'il peut soulever des objets extrêmement lourds. Quand il est en colère, il déracine les arbres ; il ramasse et jette au loin des pierres énormes. Sa trompe est pour lui comme un bras vigoureux, et en même temps comme une main adroite et délicate. Avez-vous remarqué de quelle manière se termine ce nez singulier.

— Oui, c'est comme l'ouverture d'un double tuyau.

— Et cela est tout naturel, puisque c'est l'ouverture des deux narines par lesquelles l'éléphant respire. Mais il y a au bord de cette ouverture, au milieu de la partie supérieure, un petit appendice charnu, une sorte de doigt, dont l'éléphant se sert pour saisir les petits objets.

— En effet, dit Frédéric, quand on présentait de petits morceaux de pain à celui que j'ai vu, il les prenait délicatement avec cet appendice, repliait sa trompe en dessous, et portait le morceau de pain dans sa bouche.

— C'est ainsi, reprit le maître, qu'il cueille les feuilles, choisit le foin le plus frais, et en fait de petits paquets qu'il porte à sa bouche. Pour boire, il serait fort embarrassé s'il n'avait pas sa trompe, car il ne pourrait atteindre l'eau d'une fleuve ou d'un étang : sa taille est trop haute.

— C'est un des inconvénients de la grandeur, interrompit Frédéric.

— Et l'éléphant n'a pas à son service le cou long et souple de la girafe. Il lui fallait donc une sorte de tuyau, de pompe aspirante pour élever l'eau jusqu'à sa bouche.... La nature lui a fourni cet instrument. Ce tuyau, c'est sa trompe ; il en plonge l'extrémité dans l'eau, puis il aspire comme vous feriez dans un tube de paille. Quand sa trompe est remplie de liquide, l'animal en retourne l'ouverture vers sa bouche, et souffle dans son gosier l'eau qu'il a aspirée. La quantité qu'il faut chaque jour à un éléphant est considérable. J'en ai vu un boire une dizaine de seaux sans quitter le puits !

— Monsieur, à quel ordre d'animaux appartiennent les éléphants, s'il vous plaît ?

— A l'ordre des *proboscidiens*, mot qui signifie en grec animaux à trompe. Il y en avait autrefois de nombreuses espèces, dont plusieurs, les *mammouths*, les *mastodontes*, étaient beaucoup plus grands encore que les éléphants. Mais ces grandes espèces sont toutes anéanties, et l'éléphant est le seul qui ait survécu jusqu'à nous.

— Où prend-on les éléphants ? demanda Frédéric. Vivent-ils à l'état sauvage ?

— Sans doute dans les déserts? dit Raoul.

— Dans les déserts! Y songez-vous, mon cher enfant? Je viens de vous dire qu'il faut à l'éléphant une énorme quantité de nourriture, de l'eau en abondance; comment pourrait-il vivre là où croissent à peine quelques broussailles, et où l'eau manque presque complétement? Non; les éléphants sauvages habitent les forêts, près des fleuves. Il vivent par troupes dans les marécages et les rizières. Ils aiment beaucoup à se baigner; ils nagent parfaitement, et jouent dans l'eau en se poursuivant les uns les autres. Si l'eau n'est pas assez profonde pour qu'ils puissent s'y plonger, ils en aspirent avec leur trompe, et la soufflent en l'air de manière à se la faire retomber en pluie sur le corps.

— C'est de l'hydrothérapie, cela!

— Exactement, et ils s'en trouvent toujours fort bien, parce qu'ils ont l'instinct de n'en faire qu'à propos.

Maintenant il s'agit de les prendre, ou plutôt de les surprendre, car vous pensez que ce n'est pas d'un animal comme l'éléphant qu'on peut se rendre maître de vive force. D'autant plus qu'ils sont presque toujours en nombre, et se défendent réciproquement les uns les autres.

En Afrique, les nègres n'essayent pas d'apprivoiser les éléphants; ils les tuent simplement afin d'avoir leurs défenses d'ivoire. Pour cela ils se réunissent en troupe car cette chasse et très dangereuse, montent sur des arbres élevés, et attaquent les éléphants en leurs lançant des flèches et des javelots.

Dès la première attaque, les éléphants devenus furieux cherchent à déraciner les arbres sur lesquels les chasseurs sont postés. Ils y parviennent quelquefois, et il est rare qu'il n'y ait pas des hommes tués dans ces expéditions.

Mais dans l'Inde où l'on *domestique* les éléphants, on cherche à s'emparer d'eux sans leur faire de mal. On a alors recours à la ruse. On construit dans la forêt une sorte de *parc* fermé de tous côtés par de gros pieux, solidement enfoncés en terre. En un seul endroit on ménage une ouverture, qu'on peut fermer avec une lourde porte. Dans cette enceinte on amène des éléphants apprivoisés, on laisse la porte ouverte, et l'on se cache. Les éléphants sauvages, attirés et mis en confiance par la vue d'animaux de leur espèce, s'approchent, entrent dans le parc... Aussitôt les hommes qui se tenaient cachés ferment la porte, et voilà les éléphants capturés.

Il ne s'agit plus que de faire leur éducation, et les éléphants apprivoisés y aident beaucoup. Chacun des nouveau-venus est attaché entre deux éléphants domestiques; on lui lie les jambes de telle sorte qu'il puisse marcher, mais non courir; on lui lie la trompe pour qu'il ne puisse pas se défendre. Les éléphants apprivoisés lui persuadent de se tenir tranquille, et même, s'il résiste, le châtient à coups de trompe. Peu à peu notre sauvage s'habitue à suivre ses deux compagnons, et se familiarise graduellement avec sa nouvelle condition. On lui donne une nourriture abondante, on le baigne, on le traite avec douceur. Il ne se laisserait pas *dompter* par la violence, mais il se laisse *séduire* par la bonté. Après quelques mois son éducation est faite, et l'homme a conquis le plus puissant et le plus intelligent de ses serviteurs.

Oui, intelligent, qui le croirait de cette épaisse et lourde masse ! Cependant, si l'on regarde de près l'éléphant, ne fût-ce qu'à ses yeux si doux et si expressifs, on devine qu'il doit être classé parmi les animaux les plus susceptibles d'éducation. Aussi quelle utilité ne retire-t-on pas de sa force et de son adresse ! Aux Indes, on l'emploie à porter les fardeaux : il les prend avec sa trompe, les enlève et les pose lui-même sur son dos. Veut-on charger ou décharger un navire ? les éléphants transportent à terre les objets qu'on leur désigne, et prennent soin que ces objets ne soient pas endommagés. Ils sont encore employés dans les chantiers de construction : si par exemple on veut transporter une lourde pièce de bois, on y enroule une corde ; on donne à l'animal le bout de cette corde, et il entraîne la pièce de bois jusqu'au lieu qu'on a soin de lui indiquer. Si plusieurs voyages semblables sont nécessaires, l'éléphant revient vers le point de départ, et traîne les autres pièces de bois au lieu où il a mis la première, sans qu'on soit obligé de l'y conduire.

Les éléphants sont naturellement dociles, et comprennent facilement ce qu'on attend d'eux. Aussi les Indiens leur parlent souvent, presque aussi souvent qu'à des hommes : ils leur expliquent le but du travail qu'on leur fait faire, ils leur adressent des compliments, des politesses, avec le sérieux le plus sincère.

— Est-ce qu'ils peuvent comprendre le langage humain?

— *Grammaticalement?* non sans doute; mais il est sûr qu'ils comprennent certains mots qu'ils ont l'habitude d'entendre répéter: leur nom, certains gestes, certaines inflexions de la voix. C'est surtout par le ton qu'on emploie qu'ils jugent si on les flatte ou si on leur dit des injures.

En outre, les éléphants ont l'ouïe très délicate; ils aiment passionnément la musique, et prennent un vif plaisir à marcher en cadence au son des instruments. Quant à la satisfaction qu'ils éprouvent à entendre le son de la voix humaine, voici une anecdote dont je vous garantis l'authenticité.

Un éléphant maltraité par son *cornac* (on nomme ainsi l'homme qui est chargé de les soigner et de les conduire), s'était vengé en tuant ce malheureux. Ceci se passait dans une de nos villes maritimes, à Saint-Malo.

Les propriétaires de l'animal cherchèrent de tous côtés un homme qui voulût bien prendre la place vacante. Vous comprenez, mes enfants, que personne n'était envieux de ce dangereux emploi. Enfin un vieux matelot s'offrit. C'était un de ces *loups de mer*, comme on les appelle, ayant les mains calleuses et la peau goudronnée. On s'empressa de l'accepter.

Le premier jour le bonhomme s'installa auprès de l'éléphant, lui prépara sa nourriture; tout se passa à merveille. La nuit vint, et le matelot commença à ne pas se sentir fort à l'aise. Il n'osait pas s'endormir dans la compagnie de son dangereux pensionnaire.

L'ennui le gagnait et le sommeil aussi... Ne sachant plus que faire il se mit à parler à l'animal ; il le caressa, et, peu à peu, entraîné par ses habitudes de familiarité, et l'attrait de ses souvenirs, voilà mon brave marin qui raconte ses voyages à l'éléphant. Celui-ci parut trouver un plaisir singulier à cette narration monotone, et bientôt, pour témoigner sa reconnaissance au narrateur, il se mit à lui offrir de petites bottes de foin qu'il roulait artistement avec sa trompe.

— Ah ! ah ! la bonne plaisanterie ! s'écrièrent les enfants. Le nouveau cornac dut être bien flatté !

— N'était-ce pas, reprit le professeur, le cas de dire avec le poète :

La façon de donner vaut mieux que ce qu'on donne.

En Orient, l'éléphant est encore considéré comme bête de luxe. Les rois et les princes en possèdent en grand nombre, malgré la dépense considérable qu'exige leur entretien, ou peut-être même à cause de cette dépense, car la vanité saisit toutes les occasions de se satisfaire. Les éléphants sont traités dans cette condition avec des soins extrêmes, et bien au delà de ce qui leur est nécessaire. On les baigne deux fois par jour, on leur donne une nourriture savoureuse : du riz, des légumes, une sorte de potage. Lorsque leurs maîtres vont en voyage, on couvre les éléphants de riches tapis, on assujettit sur leur dos un palanquin, sorte de tente légère garnie de rideaux de soie, sous laquelle les seigneurs, leurs femmes et leurs enfants se tiennent à l'abri du soleil. Autour du palanquin sont suspendues des draperies élégantes, garnies de petites clochettes qui marquent par leur son le pas de l'animal, et réjouissent son oreille.

Éléphant d'Asie chargé d'un palanquin.

Les longues défenses de l'éléphant, soigneusement polies, sont ornées de cercles d'argent et d'or, et l'animal paraît enchanté de cette parure. Il se prête complaisamment aux soins dont il est l'objet, et aux recherches du luxe. Dans les fêtes publiques, les éléphants marchent d'un pas lent et majestueux ; on dirait qu'ils prennent part aux honneurs, et sont là pour leur propre compte. Du reste, ces énormes animaux sont délicats en toutes choses. Ils ont du goût pour les parfums : on les voit respirer les fleurs avec toutes sortes de démonstrations de joie, les cueillir avec leur trompe, et les approcher de leur bouche comme pour en avaler les émanations embaumées. Ils ont le sens du goût aussi développé que le sens de l'odorat : ils aiment les fruits, les mets sucrés, il aiment surtout le vin, les liqueurs, l'*arak* (sorte d'eau-de-vie du pays). C'est quelque chose de curieux de voir un éléphant déboucher une bouteille de vin avec l'appendice de sa trompe, élever ensuite la bouteille, et s'en verser le contenu dans la bouche.

Quand on veut exciter ces animaux au travail, ou obtenir d'eux quelques efforts, il suffit de leur promettre du vin ou de l'*arak;* à ces mots bien connus ils manifestent une ardeur toute nouvelle ; mais il serait dangereux de ne pas tenir sa promesse, car ces serviteurs de l'homme, dociles et confiants, sont terribles dans leur rancune. Ils sont des amis et non des esclaves. Si on les trompe ou si on les maltraite, ils se vengent ou refusent leurs services. Ils veulent être traités avec justice, caressés, récompensés.

Les éléphants sont eux-mêmes très capables d'attachement, autant et peut-être plus encore que le chien. Ils aiment et caressent leur maître. Ils se réjouissent d'entendre sa voix. On en a vu se dévouer pour sauver des hommes. Il n'est pas besoin de leur mettre un mors et une bride comme au cheval : ce n'est pas la force d'un homme qui suffirait à arrêter ou soumettre de tels animaux. Pour maîtriser des êtres si forts, il faut la plus puissante des forces : celle de l'affection.

Il semble que leur entendement aille jusqu'à comprendre la supériorité de l'espèce humaine. Ces animaux énormes et terribles se laissent souvent guider par un enfant ! Y a-t-il une preuve plus forte de la supériorité de l'homme sur la bête? de l'esprit sur la matière et sur l'instinct ? Et n'est-il pas vrai de dire que l'intelligence est vraiment la reine du monde !

— Mais monsieur, vous nous aviez promis de nous expliquer comment les éléphants servaient à la guerre du temps d'Alexandre ?

— Les anciens employaient l'éléphant dans les guerres, comme nous y employons les chevaux : d'abord pour transporter les vivres, les bagages, les munitions; puis, dans la bataille, pour porter des soldats. On dirigeait les éléphants contre l'armée ennemie, et ces bêtes irritées y mettaient le désordre, et ouvraient les rangs en écrasant les hommes sous leurs pieds, tandis que les soldats montés sur leur dos lançaient des javelots et des flèches... C'était terrible ! Mais depuis l'invention des armes à feu il est devenu impossible d'employer les éléphants dans les batailles.

— Pour quelle raison?

— Parce qu'ils ont peur du bruit du canon, et, par-dessus tout, du feu. Mais laissons ces tristes choses, mes enfants, et souhaitons que les hommes deviennent bientôt assez sages pour n'employer leur industrie, et les ressources immenses que Dieu a mises à leur disposition dans l'instinct et la force des animaux, que pour amener parmi nous l'abondance par le travail, le bien-être de tous par la concorde et la paix universelle; en un mot, pour faire arriver ce que nous devons entendre par ces paroles : LE RÈGNE DE DIEU SUR LA TERRE !

Questionnaire

Quelle est la taille de l'éléphant comparativement à tous les autres animaux terrestres ?

Quelles sont les deux autres espèces d'animaux terrestres qui sont les plus gros après l'éléphant?

Comment appelle-t-on le nez prolongé de cet animal?

A quoi lui sert sa trompe?

Comment appelle-t-on les deux dents énormes qui lui sortent de la bouche?

L'ivoire a-t-il une valeur dans le commerce?

A quels usages l'emploie-t-on?

Quelle est la nourriture de l'éléphant?

Comment s'y prend-il pour manger et pour boire?

L'éléphant est-il susceptible d'éducation?

Quelle est la forme de ses pieds?

Où vivent les éléphants?

Dans quels pays?

Comment peut-on s'en rendre maître?

Comment fait-on son éducation ?

A quoi emploie-t-on les éléphants?

Comment appelle-t-on l'homme qui est chargé de les soigner?
Quels sont les sens les plus développés chez les éléphants?
Comment sont-ils traités en Asie?
Quels sentiments sont-ils capables d'éprouver?
A quoi les employait-on dans l'antiquité?
Pourquoi ne s'en sert-on plus dans les batailles?
A quel ordre d'animaux appartiennent les éléphants?
Que signifie en grec le nom de *proboscidiens?*
Existe-t-il d'autres espèces de cet ordre?
En a-t-il existé autrefois?
Nommez les deux plus grandes espèces parmi celles qui ont disparu.

LA SARIGUE[1]

(L'ASILE LE PLUS SÛR)

— Eh bien, j'y consens, mes chers petits. Vous avez bien travaillé, vous aurez une histoire. Venez ici, tout près de moi qui vous aime, et puis écoutez bien.

Il était une fois... (il y est encore !) un pays lointain, au delà de l'océan Atlantique ; c'était dans une des îles des Antilles, tout près de l'Amérique. La journée avait été ardente ; le soleil commençait à baisser ; les vapeurs se doraient du côté du couchant.

Sur les pentes douces de la montagne s'étageaient de belles forêts verdoyantes. Plus bas étaient des parcs, des plantations de cannes à sucre. Quelques maisons à un seul étage se cachaient à demi sous les cocotiers ; elles n'avaient pas de vitres aux fenêtres (le froid n'est pas à craindre dans ces contrées), mais seulement de légères jalousies qu'on abaissait pendant les heures brûlantes du jour.

1. Imitation de la fable de Florian.

Un léger vent se levait; l'air commençait à devenir plus frais. Trois gentilles sœurs étaient devant leur maison, sous la *vérandah*, toit de construction légère, supporté par de frêles colonnettes autour desquelles s'enroulaient des grenadilles et des jasmins. Éva, l'aînée, jouait avec un petit singe en s'éventant avec une feuille de papayer. Les deux plus jeunes sœurs dormaient, toutes deux couchées dans un hamac de soie suspendu aux colonnes de la vérandah.

« Les paresseuses! allez-vous dire, dormir pendant le jour! » Écoutez-moi, enfants, et ne vous pressez pas de condamner nos petites dormeuses.

C'est un climat brûlant que celui des Antilles! Vers le milieu du jour la chaleur y est si lourde, l'air si embrasé, qu'il est impossible de résister à la langueur qui s'empare de vous. Il serait même imprudent de sortir à cette heure; on pourrait recevoir un *coup de soleil*, et il en résulterait des fièvres dangereuses, la mort peut-être! Que faire alors pendant ces heures où toute occupation est impossible? Dormir. Le matin on se lève de bonne heure; le soir on se couche tard. On fait ainsi presque de la nuit le jour, et du jour la nuit.

Donc le soir venait; c'était le moment de se réveiller, d'aller jouer sur la pelouse, de se baigner dans l'étang voisin : aussi Éva vint-elle réveiller ses sœurs, au moment où leur mère elle-même sortait de la maison et venait leur proposer une promenade.

En un instant les enfants furent en bas de leur

hamac, et les voilà toutes quatre parties joyeusement pour faire un tour dans la forêt voisine.

Elles traversèrent de longues allées abritées par des cytises, de vastes plants de caféiers, et arrivèrent enfin sous les grands arbres.

A ce moment les animaux et les végétaux se réveillaient, eux aussi, de leur sommeil du jour; car la nature entière semble éprouver comme l'homme l'influence assoupissante de la chaleur. Les grandes fleurs rouges des cactus s'ouvraient à la fraîcheur du soir; les oiseaux recommençaient à chanter; de petites perruches vertes et bleues, des cardinaux couleur de feu, grimpaient ou voltigeaient de branche en branche.

Nos petites promeneuses marchaient lentement sous les grands acacias. Elles regardaient, elles écoutaient, elles gazouillaient comme les petits oiseaux.

Tout à coup Éva s'arrête; elle retient ses deux petites sœurs, et étendant la main vers un endroit du bois, elle dit avec un accent inquiet :

— Mère, entends-tu? Quelque chose remue derrière ces buissons...

— C'est un singe peut-être, répondit sa mère.

Alors la petite fille rassurée écarta doucement les branches, regarda de tous côtés, et dit à voix basse :

— Non, mère, ce n'est pas un singe. Viens voir.

La mère et les deux autres fillettes s'avancèrent avec précaution.

Au delà du fourré, dans une sorte de clairière

ombragée seulement de lianes et de plantes légères, sur un épais gazon d'herbe et de mousse, un animal étrange se tenait accroupi. Autour de lui, cinq ou six animaux, si petits qu'ils étaient à demi cachés dans la mousse, jouaient et s'ébattaient en parfaite sécurité.

— Chut! dit la mère en posant un doigt sur sa bouche, ne bougez pas, enfants, ne faites pas de bruit, mais regardez bien!

— Quel est cet animal? demandèrent les fillettes à voix basse.

— C'est une *sarigue* femelle. La sarigue est un des animaux les plus étranges qui existent, et dont la conformation est la plus singulière. Tenez, la voilà assise sur ses jarrets, et justement tournée de notre côté : voyez-vous à son ventre comme une espèce de poche?

— Oui! oui, c'est vrai!

— Eh bien, regardez ce qui va se passer : approchons-nous... frappez légèrement dans vos mains...

Les enfants firent ce que disait leur mère. A ce bruit, la sarigue pousse un cri d'alarme; tous ses petits qui trottaient et sautillaient autour d'elle s'arrêtent, dressent l'oreille, accourent... et les voilà, chose étrange! qui se précipitent pêle-mêle dans la poche suspendue au sein de leur mère. Puis cette mère, ainsi chargée de son précieux trésor, prend sa course, et disparaît sous les grands bois!

Tout cela s'était fait en un instant... Éva, Denise, étaient demeurées immobiles de surprise et de ravissement, tandis que leur jeune sœur cherchait instinctivement un abri dans les plis de la robe de sa mère.

— Mère, disait-elle, que sont devenus les petits de la sarigue?

Sarigue femelle ramassant ses petits.

Ils ont été effrayés par notre bruit, répondit la mère, et devant l'ombre d'un danger ils ont fait comme toi : ils sont allés chercher le refuge que Dieu a préparé à leur faiblesse... C'est une leçon que la nature vous donne, mes filles, gardez-en le souvenir, et quoi qu'il puisse vous arriver dans la vie, n'oubliez jamais que

L'asile le plus sûr est le sein d'une mère.

— Mais c'est une fable cela ! dirent les enfants quand le récit fut achevé.

— C'est à la fois une fable et une histoire.

— Quoi, cet animal bizarre?...

— Existe réellement. Il est même fort commun dans certaines parties de l'Amérique, au Pérou, au Brésil. Mais il n'y en a dans aucune autre partie du monde.

— Comment est-il donc fait ?

— Est-il grand?

— Est-il gros?

— *Le* ou *la* sarigue, selon qu'on désigne le père ou la mère, est un animal à peu près de la taille d'un chat, d'un poil moitié brun, moitié grisâtre. Sa tête, ornée de deux oreilles droites et pointues, avec des yeux brillants, un museau effilé, et de petites dents aiguës, ressemble un peu à celle du renard. Quant à ses pattes, vous souvenez-vous de ce que je vous disais un jour de celles du singe ?

— Que les pattes des singes sont des mains, et que c'est pourquoi on appelle les singes des *quadrumanes*?

— Précisément. Eh bien, les pattes des sarigues sont aussi des espèces de mains. Mais elles ne sont pas des *quadrumanes*, car les deux pattes de derrière ont seules le pouce *opposable*. Vous rappelez-vous ce que veut dire ce dernier mot ?

— Oui, qui s'oppose aux autres doigts pour saisir les objets.

— Vous avez bonne mémoire, je ne reviendrai donc pas là-dessus. J'ajouterai seulement que les sarigues n'ont pas d'ongle à ce pouce-là. Comme les singes encore, les sarigues ont une queue *prenante*. Mais le grand trait, le caractère distinctif de cet animal, c'est cette poche que les sarigues femelles ont sous le ventre, et qui est formée par un repli profond de leur peau. Les petits des sarigues naissent extraordinairement petits, ils sont gros tout au plus comme des noisettes ! Que deviendraient-ils, ces pauvres petits êtres, si Dieu n'avait pris soin de leur préparer un abri chaud, doux et sûr ? A peine sont-ils nés, que leur mère les place dans cette poche, et les porte partout avec elle. Là, ils tettent leur mère sans se déranger. Ils grandissent peu à peu, et dès qu'ils sont assez forts pour sortir de leur asile, ils vont s'ébattre au dehors. Mais au moindre danger, au plus léger bruit, ces animaux craintifs rentrent au plus vite dans leur abri, de même que les petits poussins courent se cacher sous les ailes de la poule.

Quand ils sont devenus grands, la poche de leur mère serait trop petite pour les contenir, mais alors ils n'ont plus besoin de s'y réfugier. Ils sont forts, ils ont appris à chercher leur nourriture, et à se protéger eux-mêmes.

— De quoi se nourrissent les sarigues.

— Les sarigues sont principalement carnivores; ils font la chasse aux petits animaux, et même aux insectes. La conformation particulière de leurs

Les sarigues ont une queue prenante.

pattes et de leur queue leur permet de grimper lestement sur les arbres, pour dérober les œufs des oiseaux, et les fruits qu'ils aiment aussi beaucoup.

Ces animaux sont extrêmement timides. Le jour ils se tiennent cachés sous les bois ou dans le creux de quelque tronc d'arbre. C'est le soir, la nuit surtout, qu'ils sortent de leur retraite pour aller chercher leur nourriture.

La sarigue n'est pas la seule espèce d'animaux qui soit pourvue d'une poche. Dans les îles de l'Océanie il se trouve un grand nombre d'animaux de diverses espèces, les uns carnivores, les autres herbivores, qui ont également une poche destinée au même usage.

On appelle tous ces animaux des *marsupiaux*, d'un mot latin qui signifie *bourse* ou poche. Tels sont les *kangouroos* (prononcez kangourous), animaux herbivores beaucoup plus grands que les sarigues, et qui ont les pattes de devant extrêmement courtes, tandis que celles de derrière sont au contraire très longues; ce qui fait que l'animal, au lieu de marcher ou de courir, avance par bonds comme les lapins.

Et si vous désiriez savoir, mes chers enfants, pourquoi ces animaux sont pourvus d'une poche pour abriter leurs petits, tandis que les autres animaux n'en ont pas, je n'aurais d'autre explication à vous en donner que celle que je vous ai déjà donnée à propos de tant d'autres choses : c'est que Dieu varie ses œuvres à l'infini. Comme tout est prévu dans la nature, une modification en amène nécessairement une autre, de sorte que les formes ont beau changer, tout reste disposé avec une intelligence admirable. Plus les êtres sont faibles et débiles, plus la nature prend de précautions pour assurer leur conservation. Imitez donc cette bonne

Kangouroos de l'Océanie.

mère, chers enfants, et que la faiblesse ne soit pour vous, quand vous serez des hommes, qu'un titre de plus à votre justice et à votre bonté.

Questionnaire

Dans quels pays se trouvent les sarigues?
Quelle est la taille des sarigues?
A quoi ressemblent les sarigues?
Comment leur tête est-elle faite?
Quelle faculté a leur queue?
Quel est le trait distinctif des sarigues?
Quelle est la grosseur de leurs petits quand ils naissent?
Comment peuvent-ils croître et grandir?
Quelle est la nourriture des sarigues?
Quand chassent-elles?
Y a-t-il d'autres animaux pourvus d'une poche destinée au même usage que celle des sarigues?
Comment les appelle-t-on?
Faites la description des kangouroos.
Comment se nourrissent-ils?
Sont-ils plus ou moins grands que les sarigues?
Les kangouroos avancent-ils en marchant ou en sautant?
Pourquoi sautent-ils?
Dans quelle partie du monde se trouvent les kangouroos?
Comment a-t-on nommé l'ordre des animaux dont le ventre forme une poche?

LE PHOQUE

(UN CONCERT AU GROËNLAND)

Un soir d'été, un vieux capitaine baleinier en retraite était assis sous un berceau de lilas fleuris, entouré d'une troupe de neveux et de nièces auxquels il prenait plaisir à conter ses voyages.

Ce soir-là, il leur répétait (comme tous les marins) sans se lasser jamais :

— La mer est une bien belle chose, mes enfants ! et la profession de marin, est la plus belle des professions !

(Le pauvre oncle, en disant cela, devait oublier bien sûr tous les rhumatismes qu'il avait rapportés du service.)

Oui, la mer est bien belle ! poursuivait-il : mais aussi, parfois, combien elle est terrible ! Ceux d'entre vous qui ne l'ont pas vue ne peuvent se l'imaginer. Quand le temps est calme, qu'il ne fait pas un souffle de vent sur les côtes, elle est paisible et calme comme un étang. Ses eaux sont alors si tranquilles qu'elles réfléchissent le ciel et les nuages ; si transparentes qu'on voit les plantes et les rochers qui sont au fond. A peine y a-t-il de temps en temps quelques petites vagues qui, comme des rides légères, se forment à la surface de l'eau. Au loin la mer semble toute bleue, et brille d'un éclat nacré...

Mais ces beaux jours sont rares ! Ordinairement la mer a de larges vagues qui roulent les unes derrière les autres. Et plus le vent est fort, plus les vagues sont hautes et fougueuses. Alors leur *cime*, la *crête des vagues* comme on dit, devient toute blanche d'écume ; les barques et même les grands navires sont secoués rudement par elles. Ils s'inclinent tantôt d'un côté, tantôt de l'autre ; les flots se brisent contre le navire, l'eau et l'écume bondissent tout autour, s'élèvent au-dessus, et retombent sur le pont comme un torrent furieux.

C'est surtout la nuit que le vent est effrayant ! Du rivage on voit à peine la mer, tant l'ombre est noire... mais on entend le vent qui siffle, les vagues qui s'entre-choquent les unes contre les autres, et se brisent contre les rochers ! Si vous voyiez tout cela, mes enfants, vous vous demanderiez comment il se fait qu'il y ait des hommes assez courageux, ou assez téméraires, pour demeurer sur un vaisseau jour et nuit pendant des mois entiers. Et cependant, cela n'est pas la *tempête*, c'est la mer telle qu'elle est le plus souvent. Il n'y a pas encore de danger pour un bon navire dont le capitaine est habile et prudent.

Et si vous voyiez un navire sortir du port ! Voilà un spectacle majestueux et saisissant ! Figurez-vous un vaisseau plus haut qu'une grande maison. Le jour du départ est arrivé, tout l'équipage est à bord. Il s'agit de faire un long voyage. Dans la *cale*, c'est-à-dire au fond du navire, on a entassé toutes les provisions qui seront nécessaires pendant une longue absence : des viandes salées, des conserves de toutes sortes, des animaux de boucherie emportés vivants. Puis de l'eau douce dans de vastes réservoirs, du vin, quelques liqueurs, de l'eau-de-vie, car cette boisson qui fait tant de mal quand on en boit sans en avoir besoin, est nécessaire aux matelots qui mènent une vie pénible, sont souvent mouillés par l'eau de la mer ou des pluies, exposés la nuit au vent froid et humide, et obligés de travailler presque sans relâche quelque temps qu'il fasse.

Le capitaine a tout prévu : on emporte même des remèdes pour les hommes qui pourraient tomber malades ; du fer, du bois et des outils pour réparer le bâtiment s'il venait à être endommagé, des pièces de toile pour remplacer les voiles que le vent déchire. Je n'en finirais pas, mes enfants, si je voulais entrer dans le détail de tout ce que doit contenir un navire partant pour un long voyage. Un seul oubli, une seule précaution négligée pourrait avoir des suites funestes. Songez donc, voilà vingt, trente, cinquante hommes, qui pendant des mois entiers resteront loin de terre, isolés de leurs semblables, et réduits aux seules ressources qu'ils auront pu s'assurer avant leur départ.

Enfin tout est prêt ; le navire est détaché des chaînes qui le retenaient ; on a levé les *ancres ;* les matelots sont attentifs et prêts à exécuter la manœuvre. Le capitaine, debout à une extrémité du navire, donne le signal d'une voix tonnante. Aussitôt les cordages, qui ont chacun leur emploi, glissent, s'enroulent ou se déroulent de mille manières. Du haut de grandes traverses de bois, suspendues le long des mâts comme de grands bras, et qu'on appelle des *vergues*, les voiles descendent et se développent. Le vent s'y jette, il les gonfle, le navire s'incline; mais il se relève, et voilà que sous l'effort du vent qui le pousse il commence à glisser, lentement d'abord, puis de plus en plus vite, traçant dans l'eau un sillon aussitôt refermé qu'on appelle le *sillage*. C'est à l'arrière qu'est fixé le gouvernail. Un homme est là qui, en tournant le gouvernail à droite ou à gauche, dirige à lui seul la marche du navire. Cet homme, on l'appelle le *timonier*. Voilà le voyage commencé; et la lutte avec mille dangers a commencé avec lui. Ce voyage et cette lutte dureront plusieurs mois, pendant lesquels il faudra jour et nuit un timonier au gouvernail, des matelots à la manœuvre, des officiers qui veillent, commandent, et répondent de la sûreté générale. Quand les uns iront dormir, d'autres les remplaceront. Et maintenant ils sont partis : *A Dieu va !* »

Dans quelques heures, plus ou moins selon que le vent est plus ou moins favorable, les gens restés sur la côte verront disparaître au loin d'abord le corps du navire, puis ses voiles, puis le haut des mâts. Ceux du navire verront disparaître le rivage, puis les maisons, puis les clochers, et enfin les hautes montagnes. La rondeur du globe fait que tout cela semble s'enfoncer dans la mer. Enfin du navire on ne voit plus la terre ; de la terre on ne voit plus le navire, en voilà pour longtemps : qui sait hélas ? peut-être pour toujours !...

— Où vont donc les navires ? demandèrent les enfants.

— Les uns vont en Amérique, les autres vont en Afrique, en Chine, dans les mers du Nord, dans les mers du Sud. J'ai parcouru toutes ces mers, j'ai visité tous ces pays, et si vous aimez les récits, mes enfants.....

— Oui, oui !

— Eh bien, je vais vous raconter quelques incidents d'un de mes voyages dans les mers du Nord, où nous allions pour *pêcher la baleine.*

— Bien, bien, s'écrièrent les enfants, voyons la pêche à la baleine.

— Le bâtiment destiné à cette pêche, reprit le vieux capitaine, se nomme un *baleinier.* On le choisit marchant bien, *fin voilier* comme disent les marins, car vous saurez que tous les navires ne vont pas également vite. Leur vitesse dépend de leur poids, et surtout de leur forme. Puis un baleinier doit être vaste pour porter un grand nombre d'hommes. Enfin il doit être soigneusement approvisionné de vivres et d'instruments de toutes sortes, parce que le voyage dure quelquefois plusieurs années.

La baleine, mes chers enfants, est un animal qui aime le froid, et vit de préférence dans les mers polaires. Ces mers, vous le savez, sont presque toujours encombrées de glaçons, ce qui rend la pêche difficile et dangereuse. Aussi n'emmène-t-on que des matelots robustes et vaillants.

Le but de notre voyage était la côte du Groënland, presqu'île située au nord de l'Amérique, et que vous voyez figurer tout au nord de votre mappemonde.

Je ne vous raconterai pas la traversée que nous fîmes pour y arriver, parce qu'elle n'eut rien de remarquable. A mesure que nous avancions vers le Nord, le froid devenait naturellement plus intense et plus âpre. Nous rencontrions sur notre route des blocs de glace gros comme des maisons, de véritables îles flottantes, que les vents et les courants emportaient au large, et qui fondaient sous une température plus douce. Puis nous atteignîmes des régions où la mer était presque entièrement couverte de glaces, à travers lesquelles il nous fallut chercher un passage, en prenant mille précautions pour ne pas heurter une de ces masses énormes où le navire se serait brisé. Il fallait craindre surtout d'être pris entre deux blocs de glace, car le plus fort navire s'y trouverait écrasé comme une noisette dans un étau.

Nous arrivâmes sur la côte du Groënland dans les premiers jours du printemps; il était encore un peu trop tôt pour commencer notre pêche, il fallait attendre que la mer fût mieux déblayée et plus libre. D'ailleurs certaines raisons que je n'ai pas besoin de vous expliquer nous obligèrent à *relâcher*, c'est-à-dire à venir à terre pour quelque temps.

Nous la vîmes donc cette terre glacée et inhospitalière des pauvres Esquimaux. Ah ! mes enfants, quel climat ! quel dénûment ! et comme nous devons nous trouver heureux d'être nés sous le ciel de notre belle et bien-aimée France ! L'endroit où nous aborbâmes avait un petit port, c'est-à-dire un abri entre les rochers ; et sur le rivage se voyaient quelques misérables huttes. Mais le navire ne put approcher, et dut rester assez loin de terre. Nous débarquâmes sur un véritable *champ de glace*, ayant 7 ou 8 mètres d'épaisseur.

L'air était pur, le temps magnifique ; la chaleur du soleil se faisait déjà sentir assez fortement. Mais à l'ombre le froid était encore très vif. Au loin nous apercevions de hautes montagnes couvertes de neige et de glace ; mais par endroits la glace était fendue, et ses crevasses, laissant à nu la surface des rochers, semblaient de grands ravins noirs creusés sur le flanc des montages. Là où les rayons du soleil tombaient sur la glace polie, c'était au contraire un spectacle éblouissant.

Plus près de nous, le long de la côte, il y avait d'énormes collines de glace à demi fondues par le pied, qui surplombaient au-dessus de leur base comme des voûtes fantastiques, et qui, en fondant, s'écroulaient par intervalle, avec un bruit semblable au tonnerre.

Si vous saviez comme c'est beau ces montagnes de glaces transparentes, d'un blanc verdâtre, tantôt taillées à pic comme une haute muraille, tantôt se découpant en légères colonnettes ; d'autres fois s'élançant en pointes élevées comme des clochers de cathédrales, ou s'arrondissant en demi-cercle comme des arcs de triomphe. Il faut admirer tout cela, mais il faut l'admirer de loin, sous peine d'être écrasé par l'éboulement de ces merveilles!

Nous voilà donc sortis du navire, et débarqués sur le champ de glace que nous devions traverser pour aller jusqu'à la terre ferme. Une fois là, nous nous construisons un abri adossé contre un rocher. Cet abri était une espèce de tente, faite au moyen de quelques pieux plantés dans la glace, et d'une grande voile jetée par-dessus. Puis sous cette tente nous apportons du navire les provisions qui nous étaient nécessaires, car cette côte est à peu près déserte. Il ne s'y trouve ni ville, ni village, par conséquent point d'hôtel pour se loger, point de bois pour se chauffer puisqu'il n'y a pas d'arbres; point de vivres non plus, à moins qu'on ne chasse pour s'en procurer.

Chasser était ce que nous avions de mieux à faire pendant les quelques jours que nous devions rester en cet endroit. La chasse est un exercice excellent pour faire circuler le sang, et ne pas se laisser engourdir par le froid.

Tout le gibier de ce pays consiste en quatre espèces d'animaux: des lièvres blancs qui abondent; des renards bleus qui sont assez communs; des ours blancs plus qu'on n'en voudrait; enfin une autre espèce d'animaux dont vous avez peut-être entendu parler, le *phoque*.

J'avais souvent aperçu des phoques dans mes

autres voyages, car il y en a de diverses espèces sur presque tous les rivages, et dans tous les climats ; mais je n'en avais jamais vu en si grand nombre, ni d'aussi près. Je vais vous raconter comment nous pûmes, cette fois, faire plus ample connaissance avec ces étranges créatures.

Un soir, au retour d'une chasse au lièvre, nous nous étions endormis sous la tente. Voilà que dans le calme de mon premier sommeil, je rêve que j'assiste à un concert extraordinaire, et tel que je n'en avais jamais entendu : c'était un chœur de voix enrouées, mêlées de mugissements sourds, d'aboiements sonores, de miaulements aigus ; enfin que vous dirai-je ! c'était inexprimable ! Le charivari, d'abord lointain, semblait se rapprocher peu à peu... Il devenait plus intense, plus distinct. Et tout en rêvant je me disais : « Quel rêve ridicule fais-je donc là ? » Puis le tapage s'en allait diminuant, finissait par n'être plus qu'un murmure imperceptible... puis recommençait bientôt après. Ce prétendu rêve m'intriguait et m'amusait considérablement.

Tout à coup je me sens tiré vivement par la manche.

— Lieutenant ! réveillez-vous donc ! Comment faites-vous pour dormir au bruit d'une pareille musique ?

— Quoi ? qu'y a-t-il ? Est-ce que ce sont nos hommes qui chantent comme cela ? dis-je en me frottant les yeux.

— Nos hommes, bon Dieu ! il y a une demi-heure que tout le monde est sur pied, pour écouter ce concert comme on a rarement l'occasion d'en entendre.

— Qui est-ce qui le donne?

— Ce sont les phoques! écoutez cela, lieutenant!

Ainsi mon rêve était une réalité : le concert étrange que j'avais pris pour un rêve s'exécutait en effet, à une centaine de mètres de la tente où je dormais.

— Attendez-moi, dis-je en me levant à la hâte; et prenons nos fusils à tout hasard.

— Inutile de brûler de la poudre, dit un de nos hommes; je connais ces animaux-là : ils sont doux et timides, il n'y a qu'à se montrer pour les faire fuir et plonger tout effrayés dans la mer.

— Je ne serais pas fâché d'en attraper un pour le voir de près, dis-je au matelot.

— Raison de plus, lieutenant, pour ne pas tirer de coups de fusil : le phoque a la vie dure, ce n'est pas une balle qui peut l'arrêter et l'empêcher de plonger. Les Groënlandais savent bien cela. Si vous voulez approcher de ces animaux, laissez-là votre arme et faites comme moi.

En disant cela, mon brave matelot se jette sur la tête une petite couverture grise qui lui retombait sur les épaules en forme de capuchon, et se l'attache avec une corde en dessous des bras, de manière à conserver la liberté de ses mouvements. Comme je lui demandais la raison de cette toilette bizarre :

— C'est, me dit-il, pour ressembler aux phoques, et ne pas les effrayer. S'ils nous voient approcher affublés ainsi, ils nous prendront pour des compagnons de leur espèce, et ils ne feront pas attention à nous.

Je m'affublai donc *en phoque*, moi aussi, riant des pauvres *bêtes* qui se laissaient tromper par de si grossières apparences, et nous voilà partis...

La lune brillait d'une blancheur splendide. Nous nous glissâmes le long des rochers, en ayant soin de rester dans l'ombre pour être aperçus le moins possible de nos donneurs de sérénade. Déjà nous étions assez rapprochés du lieu où se tenaient les exécutants pour estimer qu'ils étaient environ une soixantaine, couchés sur le ventre, rampant et sautillant sur la glace, en s'aidant de leurs courtes pattes beaucoup plus adroitement que je ne l'aurais imaginé. Parfois ils se levaient tout droits, en s'appuyant seulement sur l'extrémité de leur corps, et ils ressemblaient ainsi à des pieux plantés dans la glace : c'était un spectacle vraiment extraordinaire.

— Que font-ils ainsi ? demandai-je tout bas à mon guide.

— Ils jouent, me répondit-il.

— Est-ce qu'on ne pourrait pas en capturer un vivant ?

— Rien de plus facile ; ce sont des animaux parfaitement inoffensifs, et j'ai là un engin fait tout exprès pour vous satisfaire.

En disant cela, le brave matelot me fit voir une corde terminée par un nœud coulant dont il s'était muni. Et voilà que, sans attendre ma réponse, il se couche à terre, sort de l'ombre en rampant, et s'avance vers les phoques. J'étouffais de rire en voyant la patience avec laquelle il exécutait cette nouvelle manœuvre. Il s'aidait des pieds et des mains d'une manière si discrète, qu'à peine éloigné de quelques pas, on l'eût pris pour un phoque véritable. Son déguisement et sa manière de se mouvoir faisaient complétement illusion... au clair de lune !

Il avançait toujours, et n'était plus qu'à vingt pas des animaux, quand tout à coup je le vois se lever et revenir de mon côté en courant aussi vite que le sol glissant le lui permettait. Les phoques, effrayés à leur tour de cette brusque apparition, s'enfuirent et disparurent avec une rapidité extraordinaire; les uns s'étaient glissés entre les fentes du champ de glace, les autres s'étaient précipités à la mer.

— Qu'y a-t-il donc ? demandai-je au matelot. Que signifie cette espèce de sauve-qui-peut ? Auriez-vous eu peur les uns des autres ?

— Ah ! lieutenant, répondit le marin tout essoufflé, il y a que j'ai vu là-bas un monsieur que je n'attendais pas, et dont je me passerais bien. Nous n'avons que le temps de décamper. Courons chercher nos fusils !

— Mais enfin qu'avez-vous vu ?

— Un ours blanc en personne ! Il est là, derrière ce bloc de glace ; lui aussi guette les phoques. Il est évident qu'il a, comme nous, le désir de les examiner de très près... Je crois qu'il ne m'a pas aperçu et qu'il va rester en place, allons chercher nos armes.

Nous nous retirâmes prudemment en longeant le pied du rocher, et évitant d'attirer l'attention de la bête féroce. Mais cinq minutes après nous revenions avec nos hommes bien armés, et décidés à laver la honte de notre fuite... D'ailleurs une belle peau d'ours dans un pays froid vaut bien la peine de tirer quelques coups de feu.

Nous tournâmes avec précaution derrière le bloc de glace, le fusil à l'épaule, le doigt sur la détente. Nous regardâmes de tous côtés... mais nous ne vîmes rien. Les phoques ayant disparu, l'ours n'avait plus rien qui pût l'intéresser à cet endroit. Il s'en était allé probablement d'assez mauvaise humeur.

— C'est bien dommage ! disais-je en revenant. Je m'étais attaché à cette idée de voir un phoque de près. C'est un désir que j'ai eu dès l'âge où, tout enfant, je lisais des histoires dans lesquelles ces animaux, désignés sous le nom de *sirènes*, étaient pris pour des êtres fabuleux ; et j'avais espéré ne pas faire un si long voyage sans trouver l'occasion d'en juger par moi-même.

— Il ne tient qu'à vous, lieutenant, reprit mon obligeant matelot. Allons demain jusqu'à ces huttes où demeurent les habitants du pays, et bien sûr vous verrez du phoque à toutes les sauces.

La proposition me plut ; et dès la pointe du jour nous partîmes pour le village groënlandais le plus rapproché de nous.

Ah ! mes amis, quelles demeures ! quelle malpropreté ! quelle existence misérable, sont celles des pauvres êtres qui habitent là dedans ! Imaginez-vous des huttes de neige ! oui, de vraie neige ! N'est-ce pas à faire geler des pieds jusqu'à la tête ?

Mais d'abord on n'a pas le choix des matériaux. Puis une hutte de neige est peut-être moins froide que vous ne pourriez le croire. Ces huttes se construisent très facilement : on entasse la neige par petits blocs placés les uns sur les autres, puis avec une sorte de truelle on les dresse en dedans et en dehors, ensuite on jette un peu d'eau sur les joints. Cette eau gèle, cimente les diverses parties, et voilà une hutte impénétrable. La porte n'est autre chose qu'un trou par lequel on passe en rampant. Les fenêtres sont aussi des trous faits dans l'épaisseur de la glace, et fermés par une vessie de phoque tendue en guise de vitre. Il n'y a pas de cheminée pour se chauffer et cuire les aliments : les Groënlandais brûlent une sorte de mousse qu'ils arrosent de graisse de phoque ; l'odeur qui s'en exhale est repoussante, et la fumée suffoque à tel point que nous ne pûmes demeurer dans ces huttes qu'un instant.

Les Groënlandais et les Esquimaux supportent facilement ces misères auxquelles ils sont accoutumés, et qui seraient intolérables pour nous.

Leur principale ressource c'est le phoque. Ils en tirent parti de toutes les manières. Le phoque est pour eux ce qu'est le renne pour les Lapons.

Ils mangent sa chair et boivent l'huile qu'ils en retirent. Cette huile est très saine ; elle les nourrit et les réchauffe.

L'été, quand la chaleur fait fondre leurs huttes de neige et le glace, les Esquimaux s'abritent sous des tentes formées de peaux de phoques, cousues ensemble avec des boyaux de phoques desséchés comme des cordes à violon. La charpente de leurs canots est formée d'os de phoques, car ils n'ont pas de bois à leur disposition, et ces canots sont recouverts, comme les tentes, en peaux de phoques. Hors la chasse au phoque qui les nourrit, les Esquimaux n'ont d'autre industrie que la chasse aux ours, aux renards et aux lièvres, dont ils mangent la chair et dont ils vendent la fourrure.

Enfin, mes amis, il vous serait impossible, à votre âge, de comprendre l'état misérable de ces populations, et les rigueurs de leur climat.

Le phoque.

Quelques voyageurs français et anglais qui s'étaient trouvés retenus subitement par les glaces, et obligés de passer l'hiver dans ces tristes parages, y ont couru les plus grands dangers. Plusieurs même y sont morts par suite du froid et des privations.

— Et le phoque, *lieutenant?* dit Georges en contrefaisant le matelot, vous ne nous dites toujours pas comment est fait le héros de vos aventures?

— C'est un animal ordinairement long de deux à trois mètres.

Sa tête ressemble assez à celle d'un chien, ce qui n'explique pas du tout pourquoi on l'appelle vulgairement *veau marin*. Il n'a pas d'oreilles extérieures[1], mais deux trous seulement, un peu en arrière, et presque sur la tête. Ses yeux sont doux et intelligents. Au bout du museau il porte deux moustaches de longs poils roides, à peu près semblables à celles d'un chat. Ses dents ressemblent à celles du chien ; toute sa peau est recouverte d'un poil lisse et luisant. Mais ce qu'il y a de plus remarquable dans cet animal, c'est la forme de ses pattes ; elles sont extrêmement courtes, et ressemblent à des nageoires. Pourtant elles ont cinq doigts terminés par des ongles recourbés, à l'aide desquels l'animal se cramponne aux aspérités de la glace. Ils se servent de leurs pattes de derrière pour sauter et pour nager. Ces pattes sont palmées, c'est-à-dire que tous les doigts sont enveloppés dans une membrane commune, comme ceux d'une main gantée d'un moufle.

Au premier coup d'œil on serait tenté de prendre le phoque pour un poisson, mais en l'examinant, on voit bien vite qu'il n'en est rien. Les poissons ne vivent que dans l'eau et n'en sortent jamais ; tandis que les phoques vivent dans l'eau et sur la terre. Les poissons femelles pondent des œufs qu'elles abandonnent ensuite, sans protection, à tous les dangers ; tandis

1. Sauf pourtant quelques espèces, telles que les *otaries* ou phoques à oreilles

Morses ou chevaux marins (de l'ordre des phoques).

que, chez les phoques, les mères ont des petits tout vivants qu'elles allaitent, et dont elles prennent soin comme les animaux terrestres.

Enfin, et c'est là une différence très considérable, les poissons respirent dans l'eau par des organes appelés *branchies*, tandis que les phoques, qui pourtant nagent et plongent, ont des poumons, ce qui les oblige à revenir de temps en temps à la surface de l'eau pour respirer l'air en nature.

Les phoques vivent de poissons, de *crabes*, qu'ils pêchent fort adroitement, et de plantes marines qu'ils choisissent entre toutes les autres.

Quand la mer est gelée, ils y font des ouvertures pour venir mettre leur tête hors de l'eau.

Les savants ont fait de ces animaux un ordre à part, l'ordre des *phoques*, répandu dans presque toutes les mers. Cet ordre comprend plusieurs espèces, entre autres les *morses*, qui ont des défenses dirigées en sens inverse de celles des éléphants.

— Qu'était-ce donc, mon oncle, que les sirènes dont vous parliez? demanda la petite Juliette.

— Mon enfant, c'étaient, comme je vous l'ai dit, des êtres fabuleux, moitié femme et moitié poisson, qui par leurs regards caressants et leurs voix enchanteresses avaient le pouvoir dangereux de séduire les navigateurs, et de les entraîner dans des piéges où ils trouvaient la mort.

Vous savez déjà ce qu'il faut penser de leurs concerts. Quant à leur figure, je plaindrais la femme qui leur ressemblerait, et se ferait l'illusion qu'elle est belle. Ce qu'on peut dire de mieux des phoques, c'est qu'ils sont intelligents, doux de caractère, qu'ils se laissent facilement apprivoiser, reconnaissent leur maître, obéissent à sa parole, et je trouve qu'en cela, comme en tout le reste, la vérité vaut mieux que la fable.

Nous revînmes à bord. Bientôt après les glaces se fondirent, la mer devint libre, le mois d'avril était arrivé, et nous pûmes abandonner la terre désolée des Esquimaux, pour aller à la pêche de la baleine.

— Lieutenant, emmenez-nous-y! dit Georges d'un petit air suppliant.

— Volontiers, jeunes mousses, répondit le vieil oncle. Tenez-vous donc prêts, et à demain le départ!

Questionnaire

Dans quel pays vivent les phoques?
Pour quel animal pourrait-on prendre le phoque au premier coup d'œil?
Quelles différences y a-t-il entre les phoques et les poissons?
A quoi ressemble la tête d'un phoque?
Comment sont ses yeux?
Ses dents?
Que porte-t-il au bout du museau?
De quoi la peau des phoques est-elle couverte?
Comment sont leurs pattes?
Quel usage en font-ils?
Quand la mer est gelée, que font les phoques pour pouvoir respirer?
De quoi se nourrissent les phoques?
Quelle est la longueur ordinaire des phoques?
Leur couleur?
A quelle fable les phoques ont-ils autrefois donné lieu?

Quel est le caractère des phoques?
Peut-on les apprivoiser?
A quels usages les Groënlandais emploient-ils la chair du phoque?
Sa graisse?
Sa peau?
Ses os?
Comment les phoques nourrissent-ils leurs petits?
Les phoques sont-ils le type d'un ordre d'animaux?
Quel nom leur donne-t-on quelquefois?

LA BALEINE

(UN VOYAGE DANS LES MERS DU NORD)

Le lendemain, après le dîner de famille, le fauteuil du vieil oncle fut de nouveau roulé sous les lilas. Les enfants accoururent autour de lui, et les petites filles avec leur ouvrage, les petits garçons le coude sur les genoux et le menton dans la main, écoutèrent l'histoire promise : celle de la pêche à la baleine.

— Figurez-vous, mes enfants, que la baleine est un animal tout à fait semblable par sa forme à un poisson, et qui pourtant n'est pas du tout un poisson. Ses dimensions sont colossales ; il y a des baleines qui ont plus de vingt-cinq mètres de longueur ! Leurs nageoires et leur queue sont larges et longues en raison de leur corps. Leur tête est énorme, encore plus énorme proportionnellement que le reste. Leur gueule immense est démesurément fendue. Elles n'ont point d'oreilles apparentes, et leurs yeux, tout petits, sont placés de chaque côté, juste aux deux coins de leur gueule.

D'après cette description vous figurez-vous la

baleine, le plus grand et le plus fort de tous les animaux connus ?

Dans cette gueule, qui semble un gouffre, vous allez sans doute imaginer des dents comme des sabres !... A cette bête formidable vous allez supposer des instincts féroces !... Ce serait une erreur complète : la baleine est au contraire un animal fort paisible qui, n'ayant pas de combats à livrer, n'a pas besoin de longues dents. Elle justifie le proverbe que les *gros* ne se mangent pas entre eux, car elle se nourrit exclusivement de petits poissons, qu'elle avale, par compensation, en quantités considérables. Représentez-vous un géant qui aurait le goût singulier de se nourrir de moucherons !... Vous comprenez tout de suite qu'il ne va pas s'amuser à les poursuivre et à les attraper un à un : il perdrait son temps. On n'ouvre pas une telle gueule pour si peu de chose ! Il lui faut des masses énormes de petites bêtes, et pour les saisir il a besoin d'un filet, ou d'une espèce de *nasse* qui en prenne beaucoup à la fois.

Cet instrument est pour la baleine d'une rigoureuse nécessité. Aussi en a-t-elle un parfaitement confectionné, qu'elle porte partout avec elle, et toujours tendu au pourtour même de son immense gueule !

— La baleine a un filet dans la gueule ? dit Juliette ; Tonton, tu te moques de nous ?

— Pas le moins du monde, ma fillette. Écoute-moi, je vais t'expliquer. N'avez-vous pas vu de ces petites lames noires, luisantes, flexibles, que les ou-

Baleine du Groënland.

vrières mettent encore, et qu'elles mettaient autrefois surtout, beaucoup trop dans les corsets ?

— Des *baleines ?* s'écria Juliette.

— Précisément. Eh bien ! ces baleines qui se fendent en longueur très facilement, parce qu'elles sont très *fibreuses*, c'est-à-dire composées de fils ou de *fibres*, ne sont que des *lamelles* détachées de lames beaucoup plus longues, plus larges et plus fortes, qui composent le filet des baleines, ou pour parler plus exactement, leur instrument de pêche. Cet instrument s'appelle les *fanons*.

Pour avoir une idée juste des *fanons de la baleine*, figurez-vous une frange de gros poils extrêmement forts et roides, empâtés et collés ensemble très près les uns des autres, mais dont l'extrémité, restée libre, forme comme une frange plus petite, ou comme les barbes d'une plume.

Maintenant, imaginez-vous la gueule de la baleine garnie intérieurement, tout autour, de cette frange de *fanons* fixée à la mâchoire supérieure, et vous aurez une idée de cet instrument unique en son genre.

Les plus grands fanons de baleine ont jusqu'à deux mètres de longueur. Vous voyez qu'ils sont proportionnés au consommateur et à la consommation. Abordons maintenant la manière dont l'animal s'en sert.

Les petits poissons vont rarement seul à seul dans la mer. On dirait qu'ils connaissent le proverbe : *l'union fait la force*, et qu'ils veulent suppléer à leur taille par leur nombre. C'est cela justement qui fait l'affaire de la baleine. Ils nagent par grandes compagnies qu'on appelle *bancs*. On dit un *banc de morues*, un *banc de harengs;* et pour que vous sachiez combien la mer est vaste et riche, il est bon de vous dire que certains bancs de poissons ont plusieurs lieues de largeur sur une longueur de plusieurs centaines de lieues peut-être !... On n'a pas pu les mesurer.

La baleine recherche ces bancs de petits poissons. Elle nage au-devant d'eux avec vitesse, en se donnant seulement la peine de tenir sa grande gueule ouverte ; tout ce qu'elle rencontre pénètre naturellement dans cette espèce de gouffre, eau et poisson tout à la fois. Mais quand la gueule se referme, l'eau s'écoule à travers les franges des fanons, tandis que les petits poissons s'y trouvent retenus.

C'est absolument ce qui se passe quand un pêcheur retire le filet qu'il a jeté dans l'eau : le poisson y reste seul, tandis que l'eau s'écoule de toutes parts à travers les mailles.

Voilà donc une bouchée de poissons pris, il ne s'agit plus que de l'avaler.

Mais pourquoi, me direz-vous, la baleine ne mange-t-elle que de petits poissons? Elle leur trouve donc un goût plus délicat !

Cela se pourrait bien ; mais il y a une autre raison, une raison décisive et sans réplique : c'est que la baleine a le gosier tout petit, et comme elle ne mâche pas sa nourriture, force lui est bien de se contenter de *fretin*. La baleine connaît évidemment ses moyens, et elle ne commet pas l'imprudence de certaines gens qui, se faisant illusion sur eux-mêmes, prétendent toujours avaler les plus gros morceaux, au risque de s'étrangler !

Et maintenant que vous savez comment la baleine pêche le poisson, je vais vous expliquer comment on pêche la baleine.

Il nous faut pour cela trois ou quatre *embarcations* légères ; assez grande pour pouvoir contenir un certain nombre de rameurs ; longues et étroites pour filer rapidement ; effilées de l'avant pour fendre la mer avec facilité. Ces embarcations se nomment des *baleinières*. Pendant le voyage, on les tient en réserve sur le pont du navire. Quand vient le temps de la pêche, c'est-à-dire d'avril à août, on les suspend en dehors au moyen de cordages et de poulies. Un matelot monté sur un des mâts observe la mer au loin : cet homme s'appelle une *vigie*, c'est-à-dire un *veilleur*. Il veille, en effet, pour apercevoir les baleines qui se montrent çà ou là.

Pour une raison que je vous expliquerai tout à l'heure, les baleines ne peuvent rester plus d'une demi-heure sous l'eau, elles sont obligées de venir respirer à la surface. Alors on voit leur tête énorme apparaître au-dessus des vagues, et l'eau écumer sous le choc de leurs puissantes nageoires.

On les distingue encore à un double jet d'eau qui jaillit de leur tête lorsqu'elles apparaissent au-dessus de la mer.

— Des jets d'eau ! demanda Raymond, mais avec quoi les font-elles, ces jets d'eau ?

— Je vous dirai encore cela tout à l'heure ; ne

m'interrompez pas, voilà une baleine qui pointe à l'horizon...

« *Baleine là-bas!* » crie la vigie en désignant le côté où il l'a aperçue.

Aussitôt les matelots accourent. En un instant les baleinières sont décrochées et mises à flot. Les hommes s'y placent avec ordre; un d'eux saisit le gouvernail; les autres se mettent aux rames... et voilà les baleinières qui glissent sur l'eau comme des flèches, se dirigeant vers l'animal.

Chacune des baleinières contient un instrument qui, au premier abord, vous semblera assez singulier. Vous connaissez tous cet ustensile de ménage qu'on nomme un dévidoir, n'est-il pas vrai? Vous savez à quoi il sert.

— A dévider du fil; tout le monde sait cela.

— Eh bien! figurez-vous une sorte de gros dévidoir garni, non pas d'un écheveau de fil, mais d'une longue corde. A l'extrémité de cette corde est fixée une lance dont la pointe est en fer, et le manche en bois très-dur : cette lance se nomme un *harpon*. A l'avant de la barque un homme debout tient le harpon, tandis que les autres cherchent des yeux la baleine, et rament et gouvernent de manière à s'en rapprocher.

La baleine paraît à la surface de l'eau... Attention : voilà le moment d'avoir du sang-froid et de l'audace. L'énorme animal frappe l'eau de ses nageoires. Il est sans défiance et ne songe pas à éviter le danger. Il s'agit de choisir le moment favorable. Quand la tête se montre bien, le chef crie : « Pique! »

Le harponneur lance vigoureusement son arme. L'animal est atteint, blessé; il cherche à fuir; il plonge!... Ce moment est terrible, car la baleine en se débattant sous l'eau peut, d'un seul coup de sa queue, mettre l'embarcation en pièces !

Mais en plongeant elle emporte le harpon dans la plaie. La corde à laquelle il est attaché se déroule du dévidoir en sifflant, avec un mouvement si rapide que le bois prendrait feu à l'endroit où glisse la corde, s'il n'y avait un homme chargé d'y verser continuellement de l'eau. A la direction de la corde, on devine la route qu'a suivie l'animal, et les baleinières le poursuivent. Bientôt l'impossibilité de rester longtemps sous l'eau force la baleine à remonter à la surface, et les baleiniers la piquent avec de nouveaux harpons ; car elle a la vie très-dure, la peau très-solide, et une épaisse couche de lard protége son corps d'une extrémité à l'autre. Il est donc difficile de tuer la baleine d'un seul coup.

L'animal éperdu, furieux de toutes ses blessures, agite ses nageoires, frappe l'eau de sa queue ; malheur à la barque qui se trouverait à sa portée ! Comprenez-vous, mes enfants, ce qu'il faut de force, de courage et d'adresse, pour faire un métier si dangereux !

La baleine plonge et replonge plusieurs fois, et plusieurs fois reparaît. Enfin le pauvre animal revient à la surface une dernière fois. Il est immobile, il ne se débat plus ; il ne nage plus ; il flotte... il est mort !

— Pourquoi donc, mon oncle, la baleine ne reste-t-elle pas au fond de l'eau où personne ne pourrait aller l'atteindre ?

— C'est que la baleine, malgré sa forme de poisson, ses nageoires et sa queue de poisson, n'est pas un poisson.

Non-seulement un poisson peut vivre dans l'eau, mais il ne peut vivre que dans l'eau. Il ne peut respirer dans l'air libre, la preuve c'est qu'il meurt aussitôt qu'il est sorti de son élément ; tandis qu'un animal qui n'est pas un poisson ne peut pas vivre toujours dans l'eau, parce qu'il a besoin de respirer dans l'air. Il en est pour la baleine comme pour le phoque, avec cette différence que la baleine ressemble davantage à un poisson. Elle aussi, comme le phoque, allaite son petit *baleineau ;* un petit qui naît gros comme un bœuf! Elle le soigne tendrement, et le porte sous ses nageoires comme une mère porte son enfant dans ses bras.

A l'intérieur du corps, les organes de la baleine sont tout à fait différents de ceux des poissons : comme le phoque elle a des os et non des arêtes. Elle a le sang chaud tandis que les poissons ont le sang froid. Elle a des poumons au lieu de branchies ; et c'est la raison des deux jets d'eau dont je vous ai parlé. Écoutez-en bien l'explication : quand la baleine plonge, l'eau tout naturellement pénètre dans ses larges naseaux, et tant qu'elle est sous l'eau elle n'en est point gênée. Mais lorsqu'elle remonte à la surface pour respirer, il faut absolument qu'elle se débarrasse de cette eau, qui sans cela pénétrerait dans ses poumons, et produirait le même effet qui se produit en nous-mêmes lorsque, en buvant, nous avons la maladresse de laisser pénétrer une petite quantité de liquide dans notre larynx, c'est-à-dire dans le conduit par lequel l'air passe pour entrer dans nos poumons. Pour rejeter cette eau, l'animal a sur la tête deux trous appelés des *évents*. Il souffle par ces évents l'eau qui était dans ses naseaux, cette eau jaillit au dehors et forme deux véritables jets.

Pour toutes ces raisons, il est bien réel que, malgré les apparences, la baleine n'est pas un poisson. Les savants en ont fait le type d'un ordre d'animaux qu'ils ont nommés les *cétacés*, du mot latin *cete*, qui signifie baleine.

Maintenant que nous avons tué à coups de harpons cette grosse bête, il s'agit d'en tirer parti. Sa principale utilité consiste dans l'huile qu'elle fournit en quantité considérable, et dans ses fanons qui ont de nombreux usages et se vendent fort cher.

Donc, quand l'animal est mort, on fait approcher le navire, et avec des câbles et des chaînes, on soulève la baleine un peu au-dessus de l'eau; des hommes munis de grandes haches et d'énormes couteaux descendent alors sur son corps et commencent à le dépecer. D'abord ils entaillent le *cuir* de l'animal depuis la tête jusqu'à la queue, détachent par bandes son épaisse couche de lard, et montent les morceaux à bord du navire. Sur le pont sont de grandes chaudières dans lesquelles on fait chauffer ce lard. Alors la graisse fond et l'huile se produit. On écume l'huile avec de grandes cuillers, puis on la verse dans des tonneaux. Cette opération est surveillée avec beaucoup de soin, car elle pourrait allumer l'incendie. Elle est extrêmement désagréable, parce que la graisse chauffée produit une fumée noire très épaisse et une odeur infecte.

Quelquefois on coupe le lard de la baleine en morceaux qu'on entasse dans des tonnes, pour ne les faire fondre qu'à terre ; mais il en résulte plusieurs inconvénients, entre autres celui de charger le navire d'un déchet équivalent au tiers du poids total des morceaux de lard qu'on emporte.

Pour vous faire comprendre quelle quantité d'huile peut être fournie par une baleine, il suffira de vous dire, mes enfants, que huit ou dix de ces animaux peuvent donner de quoi charger entièrement un navire. Si dans le courant d'un été on a pris ces huit ou dix baleines, on a fait une bonne pêche, et l'on s'en revient content ; mais il en est rarement ainsi. Les baleines, très communes autrefois, même dans nos mers d'Europe, sont devenues très rares ; la guerre acharnée qu'on leur a faite a éloigné ce qui en reste. On ne les trouve plus maintenant que dans les mers glaciales qui avoisinent les deux pôles.

Quand la pêche n'a pas été suffisante dans une saison, on s'arrange pour *hiverner*, c'est-à-dire pour passer l'hiver dans un pays rapproché du lieu de pêche, et cependant habitable et habité, pour ne pas avoir trop à souffrir du froid, et pouvoir renouveler ses provisions.

C'est justement ce qui nous arriva l'année dont je vous parle. Nous n'avions pris que cinq baleines, et déjà l'été finissait ; si nous étions restés plus longtemps dans ces *parages*, la mer, en se gelant, nous eût emprisonnés dans les glaces, et il nous aurait fallu y passer l'hiver, exposés à toutes les souffrances possibles, sans compter la visite des ours blancs dont nous n'avions pas la moindre envie. Aussi, dès que la mer fit mine de vouloir *reprendre*, nous nous hâtâmes de partir pour un climat moins rigoureux : nous allâmes hiverner en Islande, cette grande île qui se trouve au nord, à moitié route de l'Océan entre l'Europe et l'Amérique.

Dans cette traversée nous pêchâmes encore un *cachalot*, espèce de cétacé à peu près semblable à la baleine, mais qui a des dents au lieu de fanons. Les dents du cachalot sont de l'ivoire très estimé, et servent aux mêmes usages que l'ivoire des éléphants. Le cachalot fournit de l'huile comme la baleine, et en outre, une substance graisseuse qui se trouve dans la tête de l'animal, et qu'on nomme *blanc de baleine*, laquelle se vend plus cher que l'huile, et est employée à divers usages, principalement dans la fabrication de la bougie.

L'Islande, mes enfants, est un port de refuge pour les navigateurs des mers polaires ; c'est comme une oasis dans le désert de glace. La température y est beaucoup moins froide qu'au Groënland ; les étés y sont doux quoique rapides, et la végétation y est assez belle. Le même contraste se trouve naturellement entre les habitants de cette île et les Esquimaux, qu'entre le climat de l'Islande et celui du Groënland. Les Islandais ont des villes, des ports, du commerce, des ÉCOLES !... et c'est par là que j'aurais dû commencer, car tout progrès sort de l'école, c'est-à-dire de l'instruction.

En Islande, tous les enfants savent lire, écrire, compter; tous connaissent la géographie et l'histoire. Cela doit nous faire un peu honte à nous, qui, dans notre beau pays, avons encore de petits enfants, et même de grandes personnes, qui ne savent pas grand'chose.

Les Islandais, qui ont pourtant de longs et rudes hivers à passer, sont très soigneux de s'instruire. Ils comprennent de quel immense secours sont pour l'homme la science et les arts; ils sentent combien l'exercice de leur intelligence peut leur donner de bien-être et de bonheur, et ils emploient leur temps en conséquence.

Nous passâmes chez eux un hiver très agréable qui répara nos forces, et nous rendit capables de reprendre, l'été suivant, notre vie rude et laborieuse de pêcheurs baleiniers.

Questionnaire

La baleine est-elle un poisson ?
En quoi diffère-t-elle des poissons ?
Quelles sont ses dimensions ?
Sa tête est-elle grande ou petite par rapport à sa grosseur ?
Se gueule est-elle très-fendue ?
Comment sont placés ses yeux ?
Y a-t-il des animaux plus grands ou plus forts que la baleine ?
La baleine a-t-elle des dents ?
Se nourrit-elle de gros poissons ?

Comment la baleine pêche-t-elle?
Qu'est-ce que les fanons de la baleine?
Quelle est la longueur des plus grands fanons?
Pourquoi la baleine ne mange-t-elle que de petits poissons?
De quelles embarcations se sert-on pour pêcher la baleine?
Avec quel instrument l'attaque-t-on?
Comment peut-on suivre sa trace sous les eaux?
La pêche de la baleine est-elle dangereuse?
Pourquoi la baleine ne reste-t-elle pas au fond de l'eau?
Comment s'appelle le petit de la baleine?
Comment le nourrit-elle et le porte-t-elle?
Quelle différence y a-t-il entre les organes respiratoires des poissons et ceux de la baleine?
Comment se débarrasse-t-elle de l'eau qui pénètre dans ses naseaux?
De quelle classe d'animaux la baleine est-elle le type?
Quelle est la principale utilité de la pêche à la baleine?
Comment dépèce-t-on la baleine quand elle est morte?
Combien faut-il de grosses baleines pour charger un grand navire?
Les baleines sont-elles aussi communes qu'autrefois?
Que fait-on quand on n'a pas pris, dans un été, assez de baleines pour charger un navire?
Qu'est-ce que le cachalot?
Quelle différence y a-t-il entre le cachalot et la baleine?
Que fait-on des dents du cachalot?
Quelle substance plus fine que la graisse trouve-t-on dans la tête du cachalot?
Que fait-on avec le blanc de baleine!
Qu'est-ce que l'Islande?
L'instruction y est-elle répandue?
Quel est le meilleur moyen de faire des progrès?

FIN

TABLE

FIN DE LA TABLE.

698-11. — Coulommiers. Imp. Paul BRODARD. — PG-11.

COURS D'ÉDUCATION ET D'INSTRUCTION

PAR Mme PAPE-CARPANTIER

A L'USAGE DES ÉCOLES ET DES FAMILLES

Les volumes destinés aux élèves sont imprimés dans le format grand in-18, contiennent des gravures, et se vendent *cartonnés*.

CE COURS COMPREND DEUX ANNÉES PRÉPARATOIRES
UNE PÉRIODE ÉLÉMENTAIRE ET UNE PÉRIODE MOYENNE

PREMIÈRE ANNÉE PRÉPARATOIRE (de 5 à 7 ans).

Enseignement de la lecture, à *l'aide* du procédé phonomimique de M. Grosselin. 50 c.
Tableaux (30) reproduisant la méthode. 3 fr.

Enseignement de la lecture, Exercice complémentaire. 1 vol. 30 c.

***Petites lectures morales; premières* notions de grammaire.** 50 c.

Premières notions d'arithmétique, de géométrie et du système métrique, 50 c.

Premières notions de géographie et d'histoire naturelle, 75 c.

DEUXIÈME ANNÉE PRÉPARATOIRE (de 7 à 8 ans).

Lectures morales et instructives; grammaire. 1 vol. 1 fr.

Histoire naturelle; leçons préparatoires à l'étude de l'hygiène. 1 fr.

PÉRIODE ÉLÉMENTAIRE (de 8 à 10 ans).

Manuel des maîtres, guide de la période élémentaire. 2 fr. 50

Grammaire accompagnée d'exercices; lectures et dictées. 2 fr. 50

Arithmétique; géométrie; système métrique. 1 fr. 50

Premiers éléments de cosmographie; géographie. 1 vol. 1 fr. 50

Histoire naturelle. 1 fr. 50

Premières notions d'hygiène, de physique et de chimie. 1 fr.

PÉRIODE MOYENNE (de 10 à 12 ans).

Grammaire, accompagnée de dictées-exercices. 1 fr. 50

Eléments de cosmographie; géographie de l'Europe. 2 fr. 50

Arithmétique; système métrique; géométrie; dessin. 2 fr.

698-11. — Coulommiers. Imp. PAUL BRODARD. — 5-11.

www.ingramcontent.com/pod-product-compliance
Ingram Content Group UK Ltd.
Pitfield, Milton Keynes, MK11 3LW, UK
UKHW021119220726
13924UKWH00004B/1800